行徳 裕著

タバコ コナジラミ

おもしろ生態とかしこい防ぎ方

農文協

まえがき

不思議なことに、病害虫の発生にも流行があります。この一〇年間の流行は、コナジラミ類やアザミウマ類と彼らが媒介するウイルス病のコンビです。本書では、さまざまな組み合わせの中から、現在日本でもっとも大きな問題となっているタバココナジラミとトマト黄化葉巻ウイルス、ウリ類退緑黄化ウイルスを取り上げました。

なぜ、流行るのか。それは、防除が難しいからです。タバココナジラミは数ある害虫の中でも、もっとも農薬に強い害虫の一つです。とくに、二〇〇四年に侵入したバイオタイプQは従来のバイオタイプBよりもさらに農薬に強く、瞬く間に全国に広がりました。農薬に強い虫たちが、農薬が効かないウイルス病を媒介するのですから、ふつうの対策で防除できないのは当然ですし、一度発生すれば根絶するのは困難です。

タバココナジラミバイオタイプB（昔のシルバーリーフコナジラミ）が侵入して二〇年、トマト黄化葉巻ウイルスが侵入して一三年、バイオタイプQとウリ類退緑黄化ウイルスが確認されて五年が経ちました。この間、われわれ研究者は指をくわえて見ていたわけではありません。彼らの弱点を捜し、防除対策を練ってきました。その結果編み出されたのが、本書で紹介する「入れない」「増やさない」「出さない」「栽培を連続させない」の考え方です。タバココナジラミとウイルスは、ほ場に侵入する→ほ場で増える→ほ場から出て行く→ふたたびほ場に侵入する、というサイクルをくり返して増えていきます。「入れない」「増やさない」「出さない」「栽培を連続させない」は、このサイクルを切断して、タバココナジラミの発生とウイルスの感染を防ぐ総合的な対策です。

本書は三部構成になっています。第Ⅰ章と第Ⅱ章でタバココナジラミとウイルスの生態と弱点を、第Ⅲ章で防除対策を詳しく紹介しました。対策に使う技術は、防虫ネットを使ってほ場の中に「入れない」、発病した株を抜き取ってウイルスを「増やさない」など、基本的なものが中心で決して難しくありません。成功の鍵を握っているのは、「入れない」「増やさない」「出さない」「栽培を連続させない」の効果的な組み合わせと、基本に忠実に、そして産地全体で取り組むことの三つです。この総合的対策は熊本県をはじめとする九州各県で大きな成果をあげています。本書の内容が、皆さんのタバココナジラミとウイルス対策の助けになれば幸いです。

平成二十一年七月

行徳　裕

＊タバココナジラミ、オンシツコナジラミ、いかにも長い名前です。そこで本書では、それぞれ「タバコナ」「オンコナ」と略称する場合があります。あらかじめご了承ください。
＊農薬の情報は二〇〇八年九月現在のものです。使用にあたっては、最新の情報で確認してください。

目次

目次

目次

第Ⅲ章　タバココナジラミを叩く、ウイルスを防ぐ

目次

目次

イラスト　トミタ・イチロー

第Ⅰ章

復活！タバコナジラミ

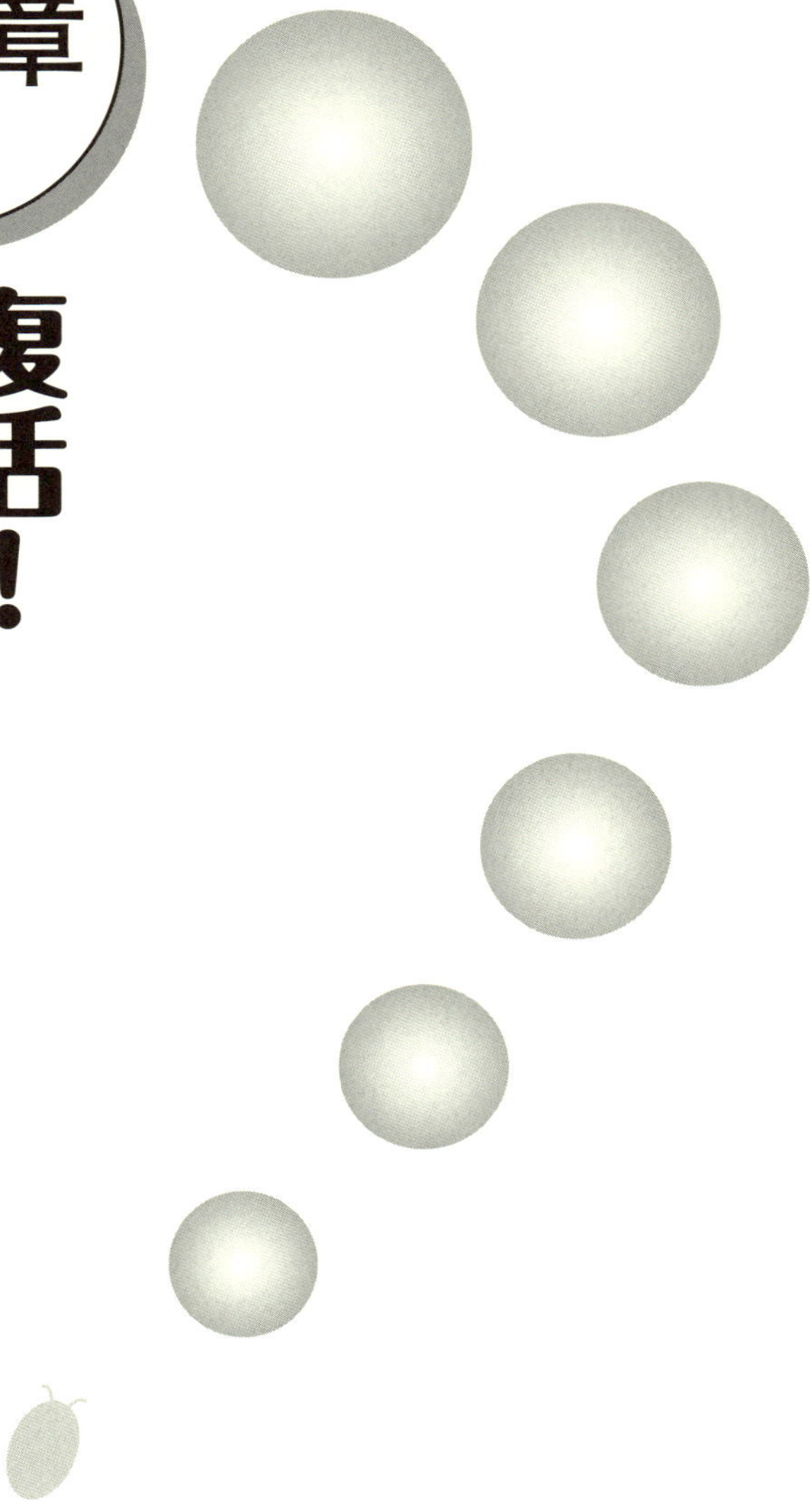

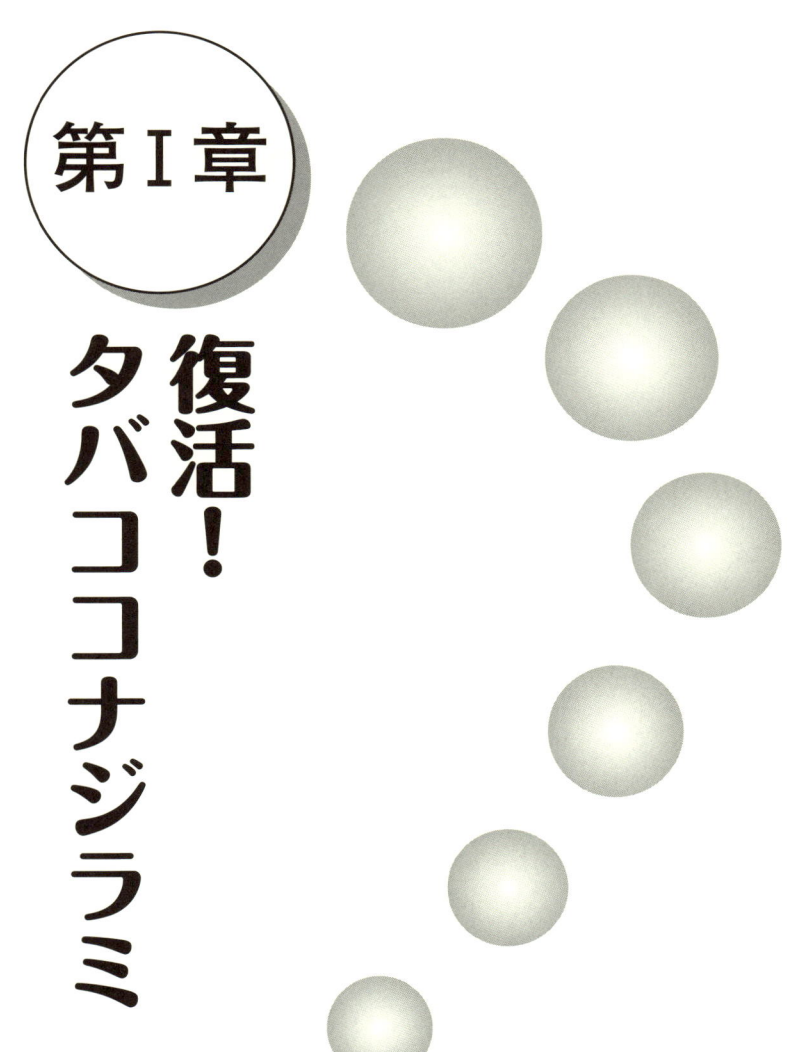

1 コナジラミ再再、登場

近頃、タバココナジラミバイオタイプQという、変わった名前のコナジラミが農業新聞や雑誌を賑わしています。このバイオタイプQって何者なんでしょうか。

① オンシツコナジラミから タバココナジラミへ、主役交代

昔、コナジラミといえば、オンシツコナジラミ（以降はオンコナと呼びます）のことでした。一九七三年に外国から侵入し、一九七〇年代の後半から一九八〇年代にかけて全国の野菜や花で大発生して問題となりました。このオンコナの発生で、それまで無名だった「コナジラミ」という虫が有名になりました。

オンコナの侵入から一六年後の一九八九年に、別のコナジラミが登場します。シルバーリーフコナジラミ（現在はタバココナジラミバイオタイプB）です。このコナジラミはオンコナにくらべて農薬に強いという性質をもっていたため、オンコナの縄張りを次々と奪い、コナジラミの主役になります。さらに、一九九六年に発生したトマト黄化葉巻病の発生を追い風にして、野菜害虫の主役にのし上がりました。

ふたたび、コナジラミの世界に変化が起きたのは二〇〇四年の秋です。九州の各県で「シルバーリーフコナジラミに農薬が効かない」という農家の声が聞かれるようになったのです。そしてその声は日に日に大きくなりました。最初、「農薬が効きにくいシルバーリーフコナジラミが発生した」と考えられていました。しかし、詳しく調べてみると、新しいタイプのコナジラミだということがわかりました。これが、「タバココナジラミバイオタイプQ」です。

このようにコナジラミは、たった四〇年の間に、オンコナからシルバーリーフコナジラミへ、シルバーリーフコナジラミからタバココナジラミバイオタイプQへと、三回も主役が交代しました。しかも、主役が交代するたびにパワーアップして、今では横綱級の大害虫になっています。

② タバココナジラミのエイリアン

日本には、オンコナが侵入する前から、土着のタバココナジラミが住んでいました。土着のタバココナジラミは、サツマイモやワタ、ダイズなどの害虫として知られていましたが、控えめな性質で、あまり問題になりませんでした。しかし新たに登場したタバココナジラミバイオタイプQは、この土着のタバココナジラミが突然変異したものではありません。オンコナやシルバーリーフコナジラミと同じように外国から侵入してきたエイリアンなのです。映画のエイリアン（侵入者）は、人間に寄生しながら宇宙を放浪する凶暴な地球外生命体でした。バイオタイプQも、植物に寄生しながら世界中に広がってきた凶悪な外国産コナジラミです。このエイリアン、バイオタイプQは、今もじわじわと日本各地に広がりつつあります。

ところで、タバココナジラミのあとについている「バイオタイプ」とは何でしょう。実はこの名称には深い意味があります。次にそれを見ていきましょう。

2 バイオタイプQ、ただいま売り出し中

① 世界中にいるタバココナジラミ

◆姿かたちはうり二つだが……

タバココナジラミ（以下、タバコナと呼びます）は熱帯から温帯で生活している害虫です。日本だけでなく、アメリカ、ヨーロッパ、アジア、アフリカ、韓国、中国……と、成長に必要な温度と餌があれば、世界中のどこにでもいます（図1-1）。また、餌の種類は多種多様で、トマト、メロン、キャベツなどの野菜から、キクなどの花、キャッサバなどの木にまで寄生できます。どこにでも住めて、どんな餌でも食べる、という性質が、タバコナを世界的な大害虫にしています。

同じ種類でも、遠くに離れて暮らしていれば生活する場所に合わせて少しずつ姿や性質が変わってきます。これを進化とか分化といいます。世界中に

図1-1 タバコナは寒冷地を除けば世界中のどこにでもいる

広がったタバコナではどうでしょうか。

　タバコナの姿は、アメリカも日本もヨーロッパもアフリカも、白い羽根と黄白色の体、顔、そして赤茶色のつぶらな？　丸い目……と、同じです（写真1-1）。顕微鏡で詳しく調べても違いは見つか

写真1-1　タバココナジラミの雌成虫
白い羽根と黄白色の体，赤茶色のつぶらな目？ が特徴

りません。成虫だけでなく、幼虫も卵も同じ形、色をしています。

　ところが、性質は住んでいる地域で大きく違います。寒さに強かったり、暑さに弱かったり、好きな植物が違ったり、農薬への強さが違ったりします。タバコナは、外見ではなく性質が進化している害虫といえます。

◆バイオタイプとは

　姿かたちなど見た目で区別できるときは、分類上、別の種類にしたり亜種にしたりします。でも、外観が同じだとこの方法が使えません。そこで、「バイオタイプ」という言葉を使って性質の違う仲間、グループを区別します。

　タバコナでは、バイオタイプにアルファベットを使います。「Q」というの

が、区別に使うアルファベットで、これを「バイオタイプ名」と呼びます。バイオタイプ名は、最初「A」と「B」が使われました。バイオタイプAはアメリカ土着のタバコナで、Bはヨーロッパからアメリカへ侵入したタバコナのことです。

現在、世界中のタバコナをバイオタイプに分類する仕事が進められています。この本を書いている時点で二〇〜四〇種類が報告されています。次々と新しいバイオタイプが発見されている

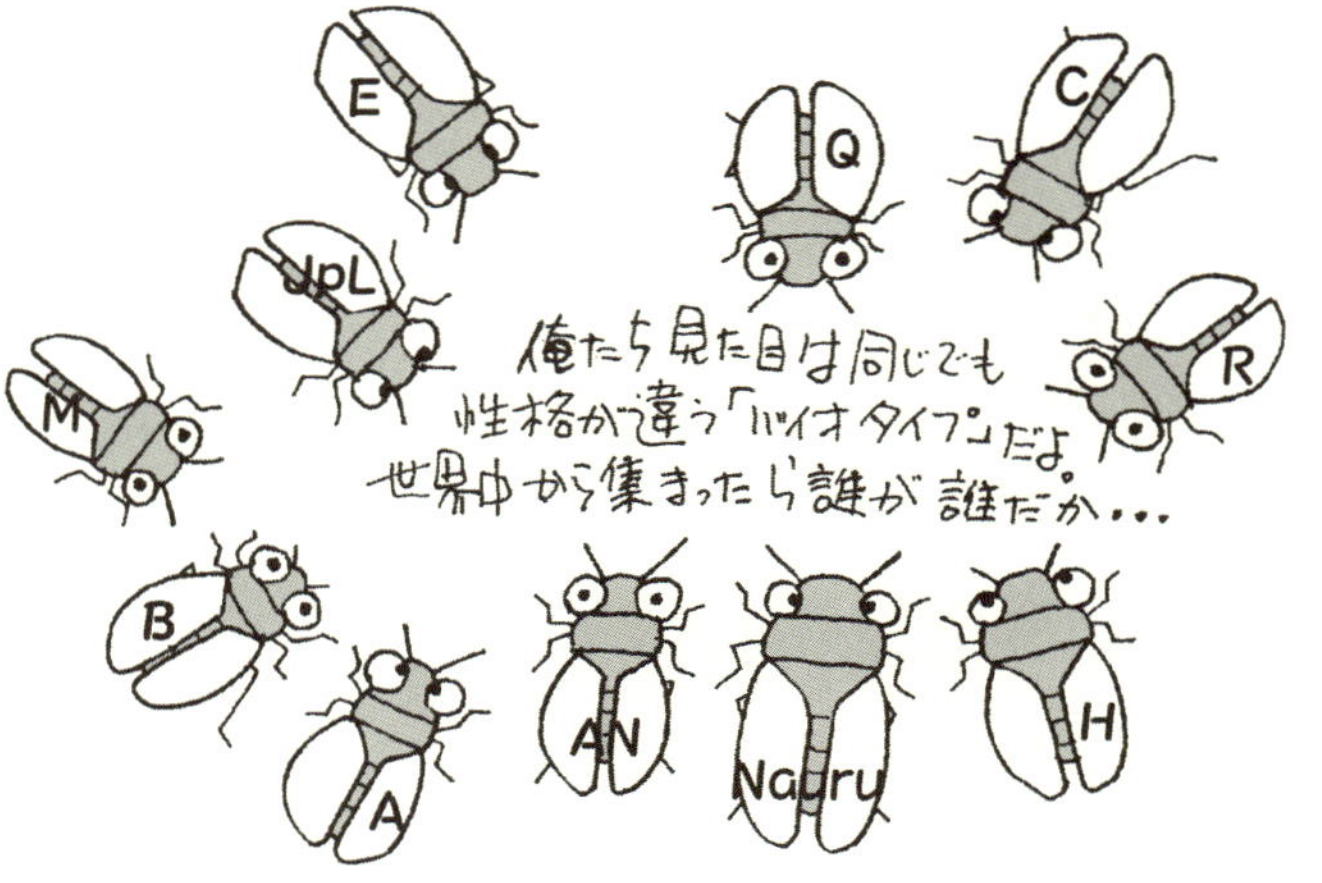

図1-2　タバココナジラミにはバイオタイプがいっぱい

表1-1　タバココナジラミのバイオタイプと特徴

(De barro, 2005を改変)

バイオタイプ名	特　徴
A,C,N,R	北アメリカと南アメリカが出身のタバコナ。最初にバイオタイプ名が付いた「A」はこの仲間
B	この本の主役の一人。カボチャの白化症やトマトの着色異常症を起こすバイオタイプ。一度は，シルバーリーフコナジラミという名前で別の種類になったこともある
E,S	西アフリカやスペインに住むタバコナ
H	インドで見つかったタバコナ
Q,L,J	スペインで見つかったQは，この本の主役。Qの仲間は，スーダン(L)やナイジェリア(J)，エジプト(バイオタイプなし)など，北アフリカ地方に住んでいる
M, JpL	アジアに住んでいるタバコナが含まれる。日本の土着個体群JpLもこの仲間で，中国や韓国のタバコナも含まれる
AN	オーストラリアに住んでいるタバコナのグループ

ので、これから何種類になるか見当もつきません（図1-2、表1-1）。

このように、性格が異なるたくさんのバイオタイプが含まれているタバコナのことを専門家は、「タバココナジラミ種複合体」と呼んでいます。

◆もっとも手強いバイオタイプQ

世界中のバイオタイプの中で、もっとも恐れられているのが「Q」です。なぜ、恐れられているのか。理由は餌にできる植物の種類が多いこと、ウイルス病をうつすこと、農薬に強いことの三つです。

とくに、農薬に強いという性質は最悪です。バイオタイプQはもともと農薬に強い性質をもっていたようなのですが、その性質が、外国を放浪している間に、多種多様な農薬でさらに鍛えられ磨かれて、最強のタバコナに成長してしまいました。これまでコナジラミ類に使っていたほとんどの農薬が効かないため、世界中で大きな問題となっています。

日本にきたバイオタイプQも、これまでシルバーリーフやオンコナに使っていたラノーテープやアドマイヤーなどの農薬がまったく歯が立ちません。発生している地域では、防除に頭を痛める毎日です。

❷日本にいるタバコナの仲間と履歴

予備知識を仕入れたところで、日本に住んでいるタバコナに、自己紹介をお願いしましょう。

◆四バイオタイプの自己紹介

司会「日本には昔から住んでいるバイオタイプと外国からきたバイオタイプがいます。今、わかっているのは六種類です。まず、昔から住んでいる土着のタバコナさんからお願いします」

（恥ずかしげに、遠慮深く登場）

JpL「私が、日本に昔から住んでいるタバコナです。近頃は、バイオタイプJpLと呼ばれています。横文字が付いていますが、生まれも育ちも生粋の日本産です。いつもは、雑木林の下に生えているスイカズラに住んでいます。でも、ときどきサツマイモやダイズ、ワタにおジャマしています。寒さには強いほうで、鹿児島から本州まで、日本各地に住んでいます」

司会「次は、沖縄から来ていただいたこの方に登場していただきましょう」

（かりゆしスタイル、サンダル履きで登場）

Nauru「バイオタイプNauruです。私の家族は、西太平洋の周りの島々に住んでいます。長い間隠れていたんですが、専門家の人たちに見つかってしまいました。奄美群島より南の常夏の島々に住んでいるのに色白です」(図1―3)

司会「そういえば、ご近所にお仲間がお住まいと聞いていますが」

JpL「そうですけど、どこから聞きました? 奄美大島と喜界島で見つかった仲間と竹富島と小笠原で見つかった仲間のことでしょう。彼らは見つかったばかりなので、まだバイオタイプ名が付いていないんですよ。ひょっとしたらほかにもいるかもしれません」

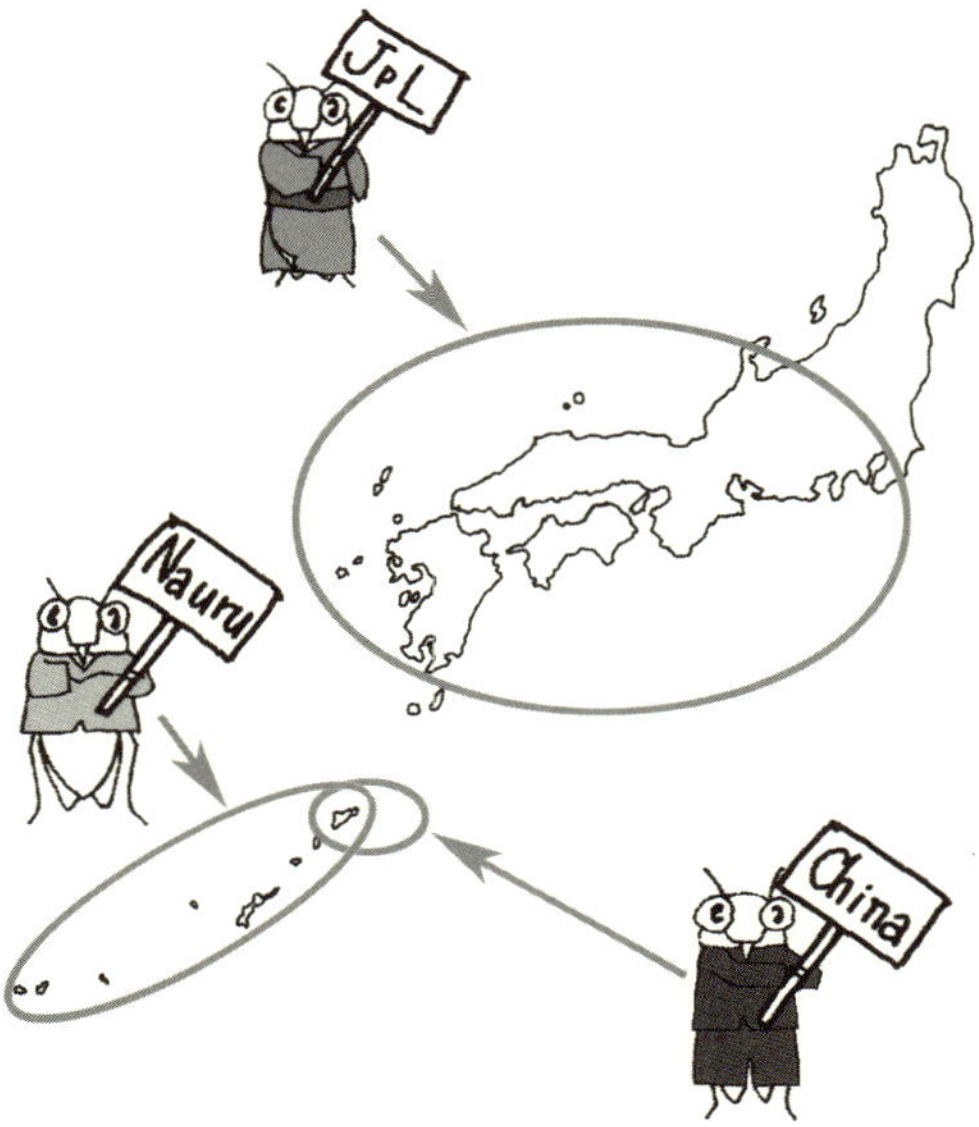

図1‒3　土着のバイオタイプJpLとNauru, China が住んでいる地域(Ueda et al., 2009から)
このほか, 小笠原と竹富島(沖縄)に別のバイオタイプが住んでいる

(ズカズカと乱入)

司会「次の方は、目つきが悪いですね。あ、だめですよ。JpLさんを叩いちゃ!」

B「俺がバイオタイプBだ。出身地は、東アフリカのサヘル地方っていわれてんだヨ」

司会「サヘル地方ってどこですか?」

B「ア～⁉ サヘル地方を知らないって? エジプトの南、ケニアの北、アベベで有名なエチオピア周辺のことだよ」

司会「どうやって日本にきたんですか?」

B「俺らの先祖が、一九七〇年頃にイスラエルに移り住んで、そこから、一九八〇～一九九〇年に海や川を渡って、アメリカ、カリブ海沿岸と広がったんだヨ。日本へもついでに来てやったってわけさ。いつ頃から住んでるかって。確かありゃあ、日本

でいう平成元年だったっけ。最初に住み着いたのは愛知県てとこだったってご先祖様から聞いてるよ」（図1-4）

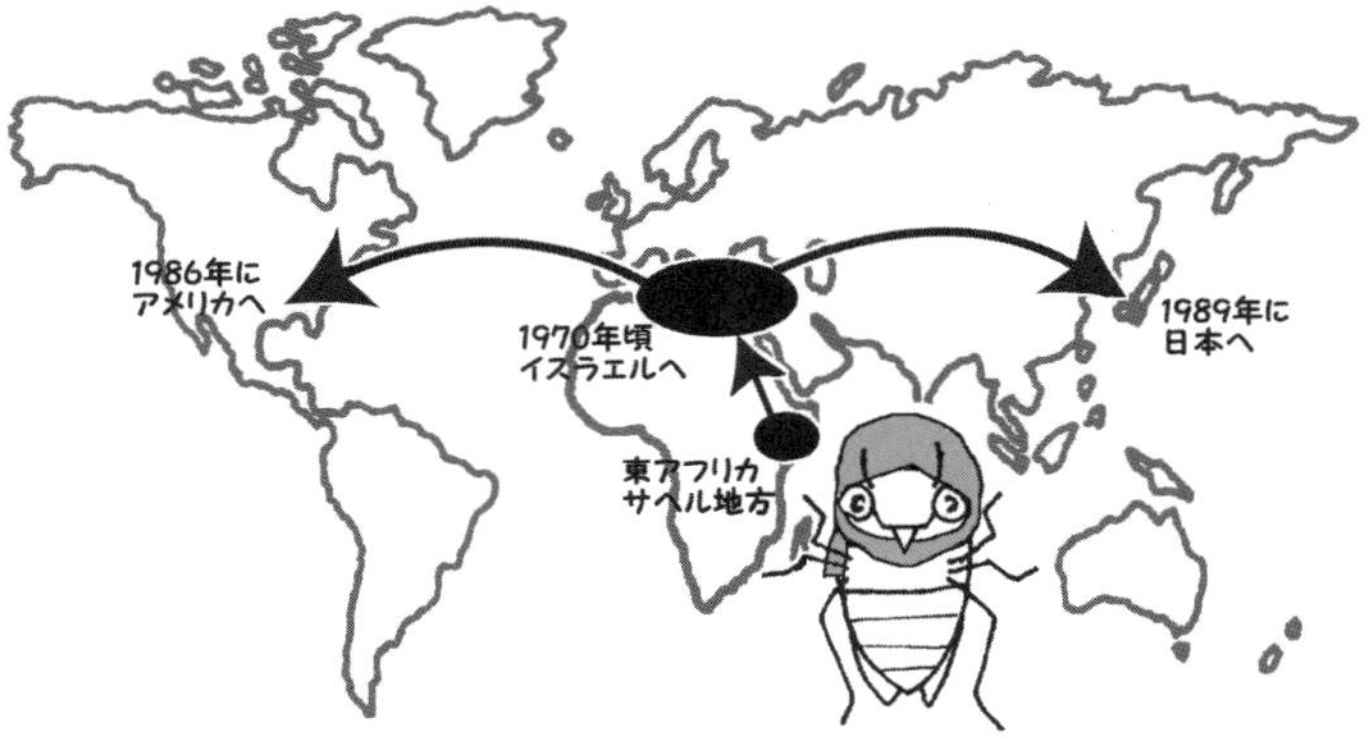

図1-4　バイオタイプBの出身地

司会「じゃあ、このへんで、次の方に替わってもらいましょう。どうぞ」

Q「俺のことかい。しょうがねェな」

（肩をいからせながら、ズカズカとで

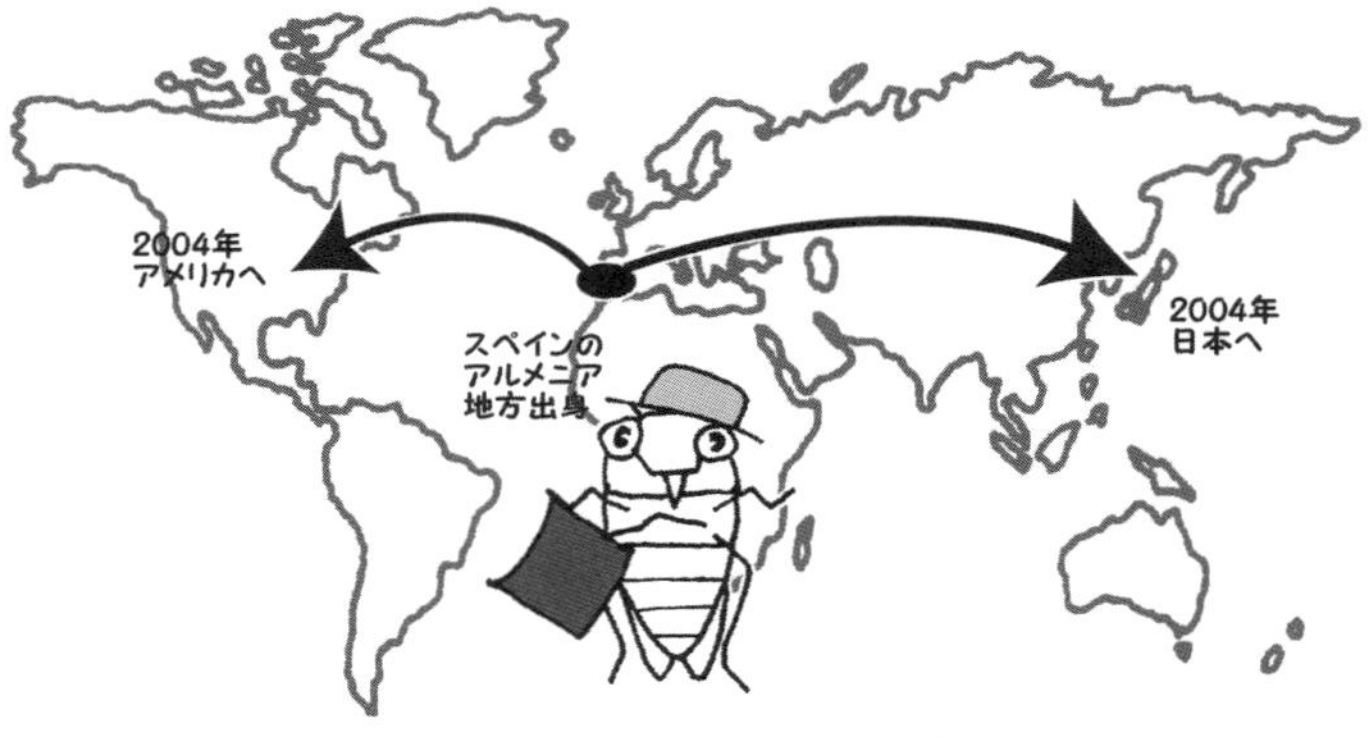

図1-5　バイオタイプQの出身地

てきてすごむ）

Q「オラオラ、俺がバイオタイプQだ。文句あっか。出身地は、スペインの片田舎アルメニア地方だ。知ってるか？　俺も、最初からこんなに柄が悪かったわけじゃねえ。最初は、純朴な田舎の好青年だったんだ。それが、いじめられて、いろんなところで、いじめられて、こんなになっちまった。世間が悪いんだよ。世間が」

司会「こんなところで毒づかないでください。私たちはいじめませんから」

Q「ありがとよ。なんの因果か、二〇〇〇年頃から旅に出て、イスラエル、アメリカ、中国とめぐって、たどり着いたのが日本よ。確か、二〇〇四年だったっけ。迷惑だろうが、仲よくやろうぜ」（図1-5）

司会「あまり仲よくしたくないですね」

◆名前が二転三転、バイオタイプB

司会「バイオタイプBさんは昔シルバーリーフコナジラミっていいませんでしたっけ？」

B「そうだよ。日本に来てから、名前がコロコロ変わって迷惑してんだよ」

司会「何回、変わったんですか？」

B「エーと、三回かな。最初は、そこにいるJpLと性格が違うんで、タバココナジラミ新系統って呼ばれていたよ。次に、シルバーリーフコナジラミって名前になったんだ。そうしたら、今度はバイオタイプBだよ。いい加減にして欲しいよ」

（おずおずとJpLが手をあげて）

JpL「私も被害者です。バイオタイプBさんがきたんで、一時期、在来系統って呼ばれました。そのあと、タバココナジラミに戻ったんですが、バイオタイプQが来て、今度はバイオタイプ群て呼ばれて、土着個体群JpLですよ。四回も変わりました。もうこれっきりにして欲しいです」

司会「そうですか、それは大変でした。図にまとめると、こんな感じですか」（図1-6）

◆おかげで、農薬が使えない

Q「俺は、Bの名前がコロコロ変わってトクしたんだよな」

司会「え！　どういうことですか？」

Q「使える農薬はな、害虫ごとに決まってんだよ」

司会「対象害虫のことですね」

Q「ああそうだ。俺が、日本にきたとき、バイオタイプBはまだシルバーリーフコナジラミって名前だから、農薬の対象害虫はシルバーリーフコナジラミさ。俺の名前は、最初からタバココナジラミだったから、効果はあるのにシルバーリーフコナジラミの農薬は使えなかったんだ」

B「そうだよな、俺のおかげで、Qはだいぶトクしたよな。そのかわり、農薬会社や研究機関の連中は右往左往してたよな。ざまあみろって感じだったよ」

司会「じゃあ、今も使えないんですか？」

B「いやあ。俺の名前がシルバーリーフコナジラミからタバココナジラミバイオタイプBに変わっただろ」

司会「ええ、そうですね」

Q「そこで、対象害虫の名前をタバココナジラミ類に変えて、バイオタイプQとBの両方に使えるようにしちまったのさ」

司会「それで、一件落着ってわけです

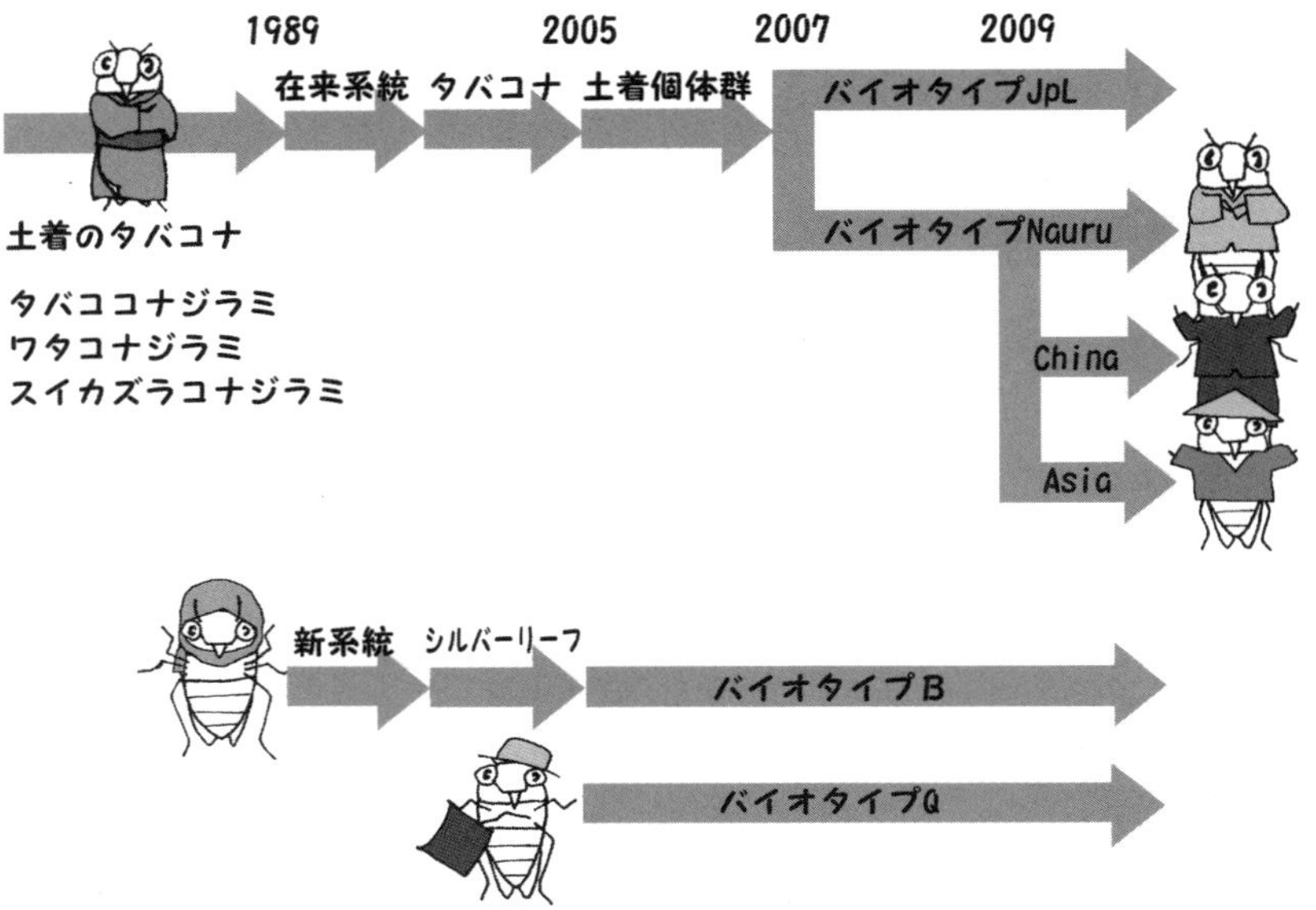

図1-6　タバココナジラミの名前のうつりかわり
（上田，2007；Ueda et al., 2009から）

か」

QとB（声を揃えて）

「俺らにとって迷惑な話だけどな」

JpL「でも、コナジラミの農薬には、対象害虫がタバココナジラミ、シルバーリーフコナジラミ、タバココナジラミ類、コナジラミ類、オンシツコナジラミの五種類があるんですよ」

QとB「そうだよな、俺たちの両方に使えるのは、タバココナジラミ類とコナジラミ類の二つだよな」

司会「ウ〜ンと。わかりにくいな。整理すると、タバココナジラミ類（シルバーリーフコナジラミを含む）は、BとQとJpL、Nauruに使えるが、オンシツコナジラミに使えない。

タバココナジラミは、シルバーリーフコナジラミに使えない。

シルバーリーフコナジラミは、Bだけに使える。

コナジラミ類は、B、Q、JpL、Nauruとオンシツコナジラミに使える、ってことですか」

（みんな声を揃えて）

「そのとおり。でも、ほとんどの農薬がコナジラミ類に変わったよな」

（図1-7）

◆QとBはさすらいの嫌われ者

B「故郷のアフリカから日本まで、はるばるやってきたよな」

Q「俺も、スペインを振り出しに、あ

ちこち寄り道しながら、東の果て、日本にやってきたよ」
B「途中で、いろんな辛い目や苦しいことがあったよな」

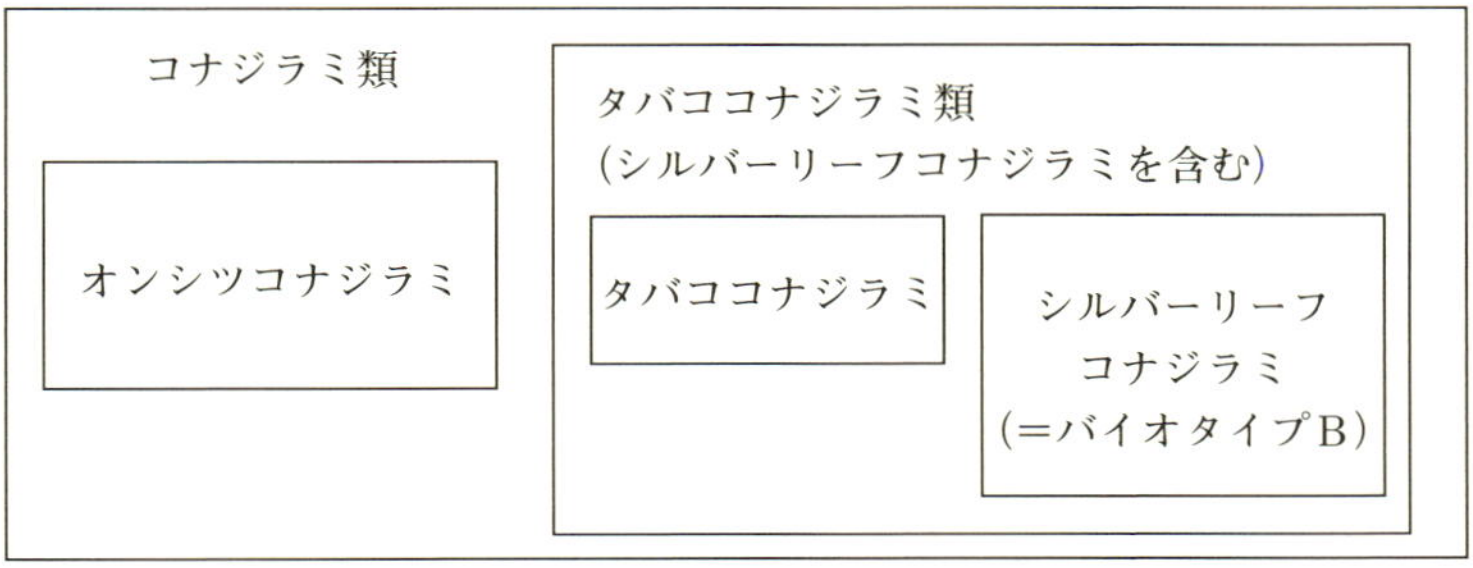

図1-7 コナジラミ類における農薬登録の包含関係
対象害虫名が違うと農薬が使えない

Q「そうだよ、ひどいいじめにもあったし。どこにいても嫌われ者だったよ」
B「お互い、苦労したよな」
司会「それは、農作物にいたずらするあなたたちが悪いんじゃないですか」
Q「俺たちだって、最初からこんなじゃなかったんだよ。最初は、どんな農薬でも効く素直な虫で、JpLやNauruみたいに畑の片隅や周辺の雑草なんかでひっそりと暮らしてたんだ」
B「それを人間がよってたかって農薬をかけたから……」
Q「泣くんじゃねえ。俺たちも生活がかかってんだ。生きるために、農薬に強い体に鍛えただけなのに、「素直に死なない」なんて、自分勝手に悪者扱いにしやがった。もともと、人間が俺たちをこんなふうにしたくせして」
B「俺たちには後ろ暗いところはないんだ、胸張って、生きていこうぜ」
Q「そうだよな、今までどおり、さすらいながら広がっていこうぜ」
司会「なんだか、物騒な話になってきました。この様子だと、まだまださすらいが足りないようです」

◆人や苗に付いてどこへでも

バイオタイプBやQは出身地から遠く離れた場所まで、世界中に広がっています。では、どうやって広がったのでしょうか。

タバコナは〇・八mm程度の小さな虫で、自力で遠くへ飛んでいくことはできません。強い風に乗って広がることはありますが、せいぜい数十kmまでです。海を渡って広がることは考えられません。

害虫の多くは、人間の力を借りて広がることがわかっています。タバコナも例外ではなく、輸出される野菜や花にくっ付いて、ほかの国にもち込まれると考えられています。

また、人に付いて遠い距離を運ばれることも考えられます。近頃、アメリカ東海岸で問題となっている西ナイル熱という人間の病気は、飛行機の客室に紛れ込んだ蚊がアメリカにもち込んだ、と考えられています。タバコナも飛行機や鉄道などの客室に紛れ込んで、運ばれているのかもしれません。

周りを海で囲まれた日本では、タバコナが自力で飛んできたとは考えられません。野菜や花に付いてもち込まれたようです。タバコナの侵入は、豊かな生活を求めて、世界各地から野菜や花を輸入したことが原因で起こった人災といえます。好きできたわけでもないのに、悪者扱いされるバイオタイプBとQはお気の毒です。

◆Bの発見から一五年後にQが上陸

バイオタイプBが日本にたどり着いたのは、前述のとおり一九八九年のことでした。一九九四年までに秋田県と山形県を除く四五都道府県へ広がり、全国的な害虫に成長しました。バイオタイプQは、Bの発見から一五年後の二〇〇四年に見つかりました。見つけたのはタバコナの権威、九州沖縄農業研究センターの上田重文博士。場所は、広島県の三原市でした。

同じ頃、九州を中心に、農薬が効かないタバコナの発生が問題となっていました。バイオタイプBが抵抗性になったと考えていたのですが……、上田博士が最新の技術でバイオタイプを調べてみたところ、Qが見つかったのです。農薬が効かなくなったのはQの発生が原因だったのです。

バイオタイプQとBは見た目で区別がつきません。九州から中国地方の広い範囲で同じ時期に見つかったことから、Qは私たちが気づかないうちに侵入し、水面下で西日本一帯に広がっていたようです。このため、日本に上陸した時期は未だに謎です。今のところ、二〇〇四年六月一日に佐賀県で捕まったのが、日本でもっとも古いQの記録です。

◆そして一気に拡大

二〇〇四年に見つかったバイオタイプQは、Bと同じように、またたく間に全国へ広がっていきました。発見から五年後の二〇〇九年には、岩手県から沖縄県まで四一の都道府県で発生しています（図1–8）。

Qが発生している都府県には、Bも住んでいます。が、両方が仲よく住んでいるわけではないようです。調べてみると、Qが増えて、Bが減っていま

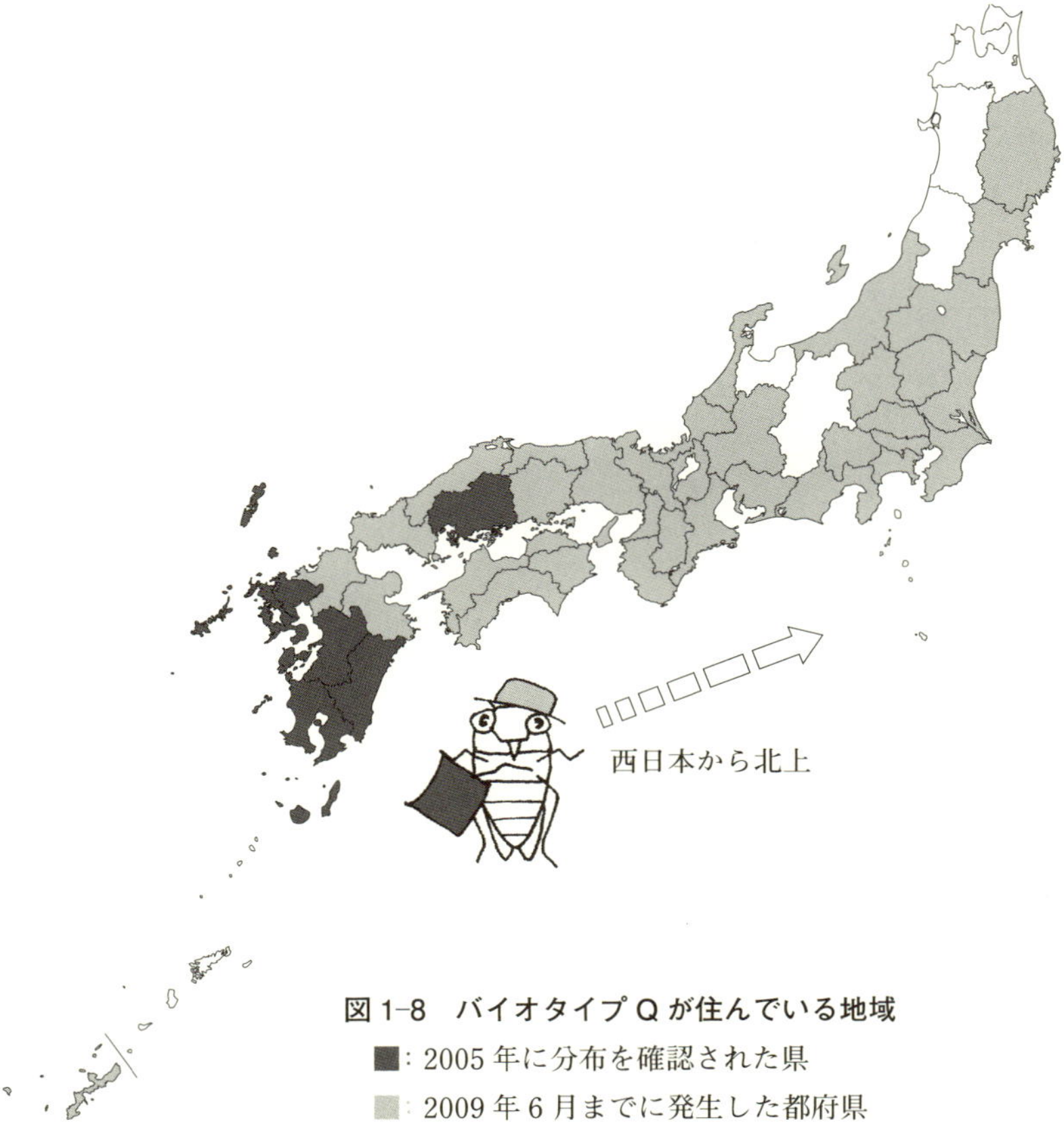

図 1-8　バイオタイプ Q が住んでいる地域

■：2005 年に分布を確認された県

■：2009 年 6 月までに発生した都府県

す。二〇〇四年にQが見つかった熊本県では、二〇〇六年からBが捕まらず、関係者の間では「絶滅危惧種」とさえいわれています。

　Qが増えた理由は、いろいろと考えられますが、農薬の影響が大きいようです。Qは、Bにくらべて農薬に強く、タバコナを防除するとQだけが生き残り、Bに替わってタバコナの主役になったと考えています。

　現在も、Qは苗や人に付いて、新天地を求めてさすらっています。まだ、Qが住んでいないあなたの町にも忍び寄っているかもしれません。

3 タバコナってどんな虫?

❶ タバコナのスタイルとファッション

タバコナが「どこからやってきたのか」「バイオタイプとは何か」ということについて説明してきました。では次に、タバコナの衣食住について説明しましょう。まずは、「衣」について。

◆体長〇・八mm程度の弱々しい虫

タバコナの成虫は、体の長さが〇・八mm程度のごくごく小さな、弱々しい虫です。頭や胸、腹、足はすべて淡い黄色で統一されています。見た目はやや細身で、体型は悪くありません。ハネは四枚あり、全体が白い粉でおおわれています。白い粉はロウソクやワックスの一種で、水をよくはじきます。ハネは体より少し長く、白いロングコートを着ているように見えます。上から見ると、真ん中がちょっと開いて黄色い背中がわずかに覗いているので、ダンディーな感じです。

◆顔はバルタン星人!?

顔の中で一番目立つのは、大きな赤茶色の眼です。白で統一されたファッションの中で、唯一のチャームポイントになっています。大きな眼は、頭の両端にあり、その真ん中に口針と呼ばれるストローのような口があります。これだけでイメージできない人は、ウルトラマンに出てくるバルタン星人をイメージしてください。バルタン星人はセミをモデルにつくられた怪獣です。タバコナは、セミやカメムシの遠い親戚なので、顔の印象が似ています。

◆卵も幼虫も目立たない

卵と幼虫も白や淡い黄色で統一されています。卵は、長さが〇・二mmくらいで、モンキーバナナを短くしたような形をしています(写真1−2)。卵は、一個ずつ葉の上に産み付けられます。頭を中心にして腹を回しながら産卵するので、数個から数十個の卵が、コンパスで描いた円のように丸く並びます(写真1−3)。ただし、トマトやメロンなどでは、葉の表面の毛がジャマになり、一個または数個単位でバラバラに産み付けられます。

産み付けられた直後の卵は白色です。その後、卵の中で虫が育つにつれて黄色に変わり、ふ化直前には褐色になります。

幼虫の色は淡い黄色から黄白色です。形は、中央が少しふくらんだ小判型で、体の表面に短い毛が二列生えています。幼虫は四回脱皮して（皮を脱いで）成虫になります。卵からふ化した最初の幼虫が一齢幼虫、一回脱皮するたびに、二齢幼虫、三齢幼虫と数が増えていきます。最後の幼虫は、蛹と呼ばれていましたが、四齢幼虫という名前に変わりました（写真1−4）。一齢幼虫は〇・二㎜程度で脱皮するたびに大きくなり、四齢幼虫では〇・八㎜くらいになります。

タバコナの幼虫で足があるのは一齢幼虫だけで生活に適した場所を見つけて定着します。そして足のない二齢から四齢幼虫は、その場所で、口針を植物に刺し込み、平たい体を植物にピッタリと貼り付け、じっと餌をとり続け、成虫になります。一齢幼虫のときの努力で幼虫時代の生活が決まるようです。

タバコナは成虫も幼虫も小さく、目

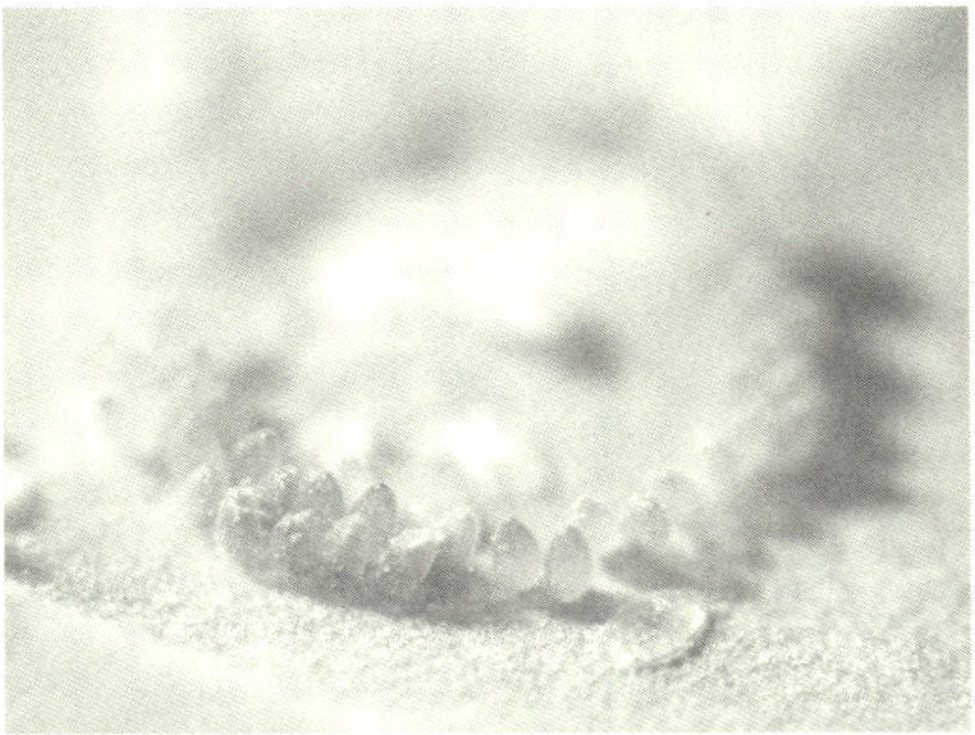

写真1−2　モンキーバナナのようなタバココナジラミの卵

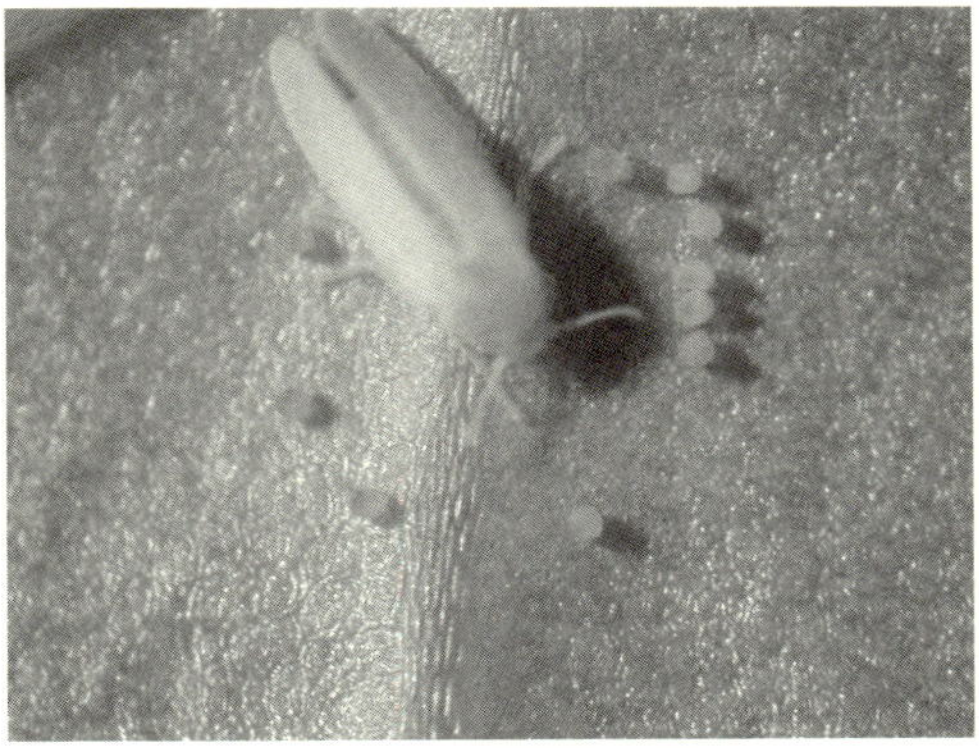

写真1−3　産卵中の雌

卵はサークル状に産み付けられる

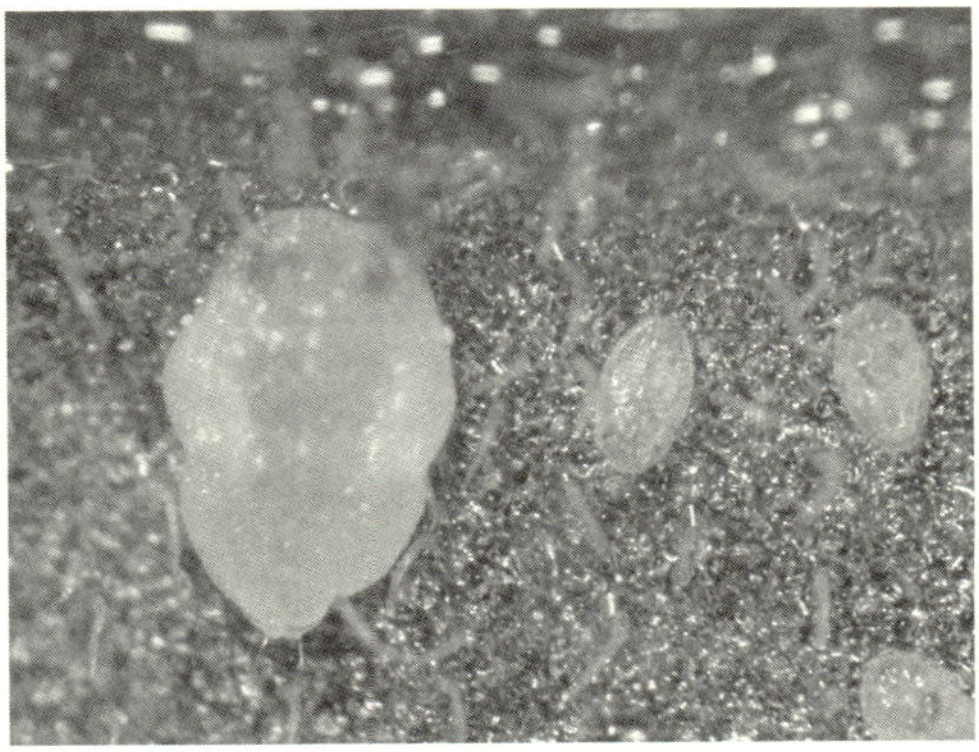

写真1−4　2齢幼虫（右）と4齢幼虫

◎タバコナとオンコナの見分け方

タバコナの成虫はハネを立てているので、ハネの合わせ目から背中が見えています。また、体全体が長方形でほっそりとした印象です。これに対してオンコナは左右のハネが重なって背中が見えません。ハネがおしりの方に向かって広がっているので、台形のでっぷりした体型です（成虫の図）。

タバコナの幼虫は毛が薄くて薄い黄色です。四齢になると体の真ん中が盛り上がり、薄い丸餅のような形に変化します。オンコナの幼虫はタバコナにくらべて色白で毛がぼうぼう？です。四齢になると体全体が厚みを増し、ホタテの貝柱のような形に変化します。

卵は同じ形です。両方とも最初は透明ですがタバコナは淡い褐色に、オンコナは黒っぽく色が変わるので見分けられます。

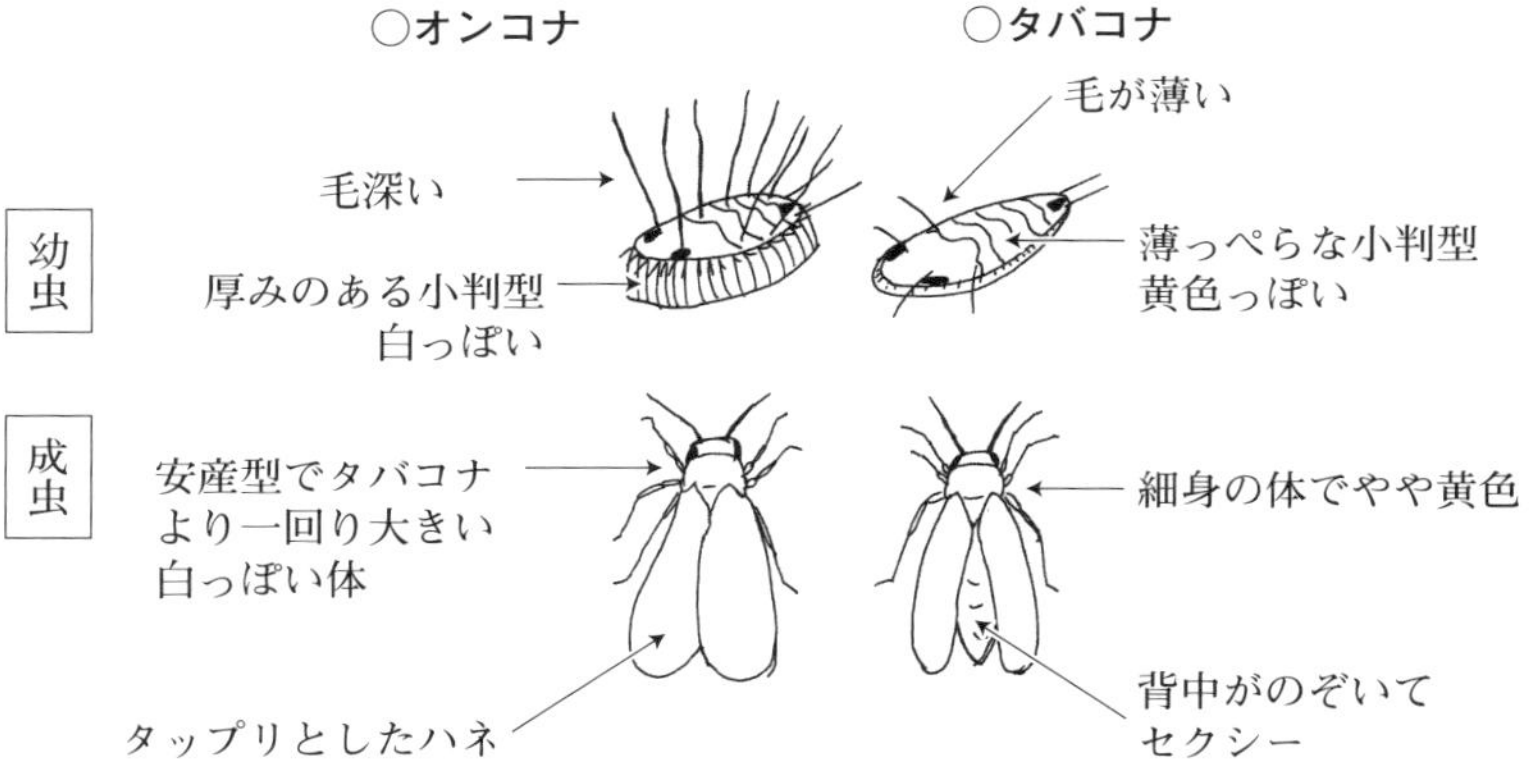

立たない色をしています。畑の中をよく観察しないと「いるのかいないのか」わかりません。この目立たないという特徴は「曲者（くせもの）」です。私たちが知らない間に忍び込み、増えています。成虫がフワフワと舞っているのを見つけたときは、その一〇倍、一〇〇倍のタバコナがいると思って間違いありません。

◆タバコナのラブコール

トマトやメロンを観察すると、複数のタバコナ成虫が体を寄せ合って、同じ方向を向いて並んでいるのに気が付きます（写真1―5）。さらによく観察すると、同じような集団があちこちに見られます。これは、タバコナが愛を囁いている風景です。雌の周りに複数の雄が集まり、「俺は素敵だぜ」とか「あいつより俺のほうが強いぜ」などと口説いているのです。

雄は雌を見つけると、「素敵だ」とか「いかしてるぜ」とか恋の歌を歌いながら近付きます（図1–9）。タバコナは、振動を使って歌います。この歌は人間には聞こえません。胸や腹を素早く動かして、その動きで葉を振動させます。振動の間隔や早さで、恋いこがれる気持ちを雌に伝え、雌の関心を引きながら、近寄っていきます。

雌にたどり着いた雄は体を寄せて、触角やハネでやさしく撫でたり、体を押し付けたりするスキンシップで雌をその気にさせて交尾します。

中には、悪がしこい虫がいます。ほかの雄が苦労して口説いている最中に割り込んで、その気になった雌を横取りしようとします。こんな雄が雌の周りに集まって、集団をつくるのです。

写真1–5　寄り添っているタバココナジラミの雄（右）と雌（左）

図1–9　タバココナジラミのラブコールは振動

◆歌、スキンシップで互いを区別

バイオタイプは見た目では区別できません。しかし、当人たちはちゃんとわかっていて、バイオタイプBの雌とQの雄を一緒にしても、Qの雌とBの雄を一緒にしても、交尾しません。

ではどうやって見分けるのでしょう。

タバコナが結婚するには、歌とスキンシップが必要です。コナジラミ恋歌学の権威、久留米大学の上宮健吉博士によると、タバコナはバイオタイプごとに歌やスキンシップの方法が違い、歌を音で表現すると、JpLは低音の間延びした「モー」、Bは高音で早い「フィッ」となるそうです。また、スキンシップでもハネの使い方が、

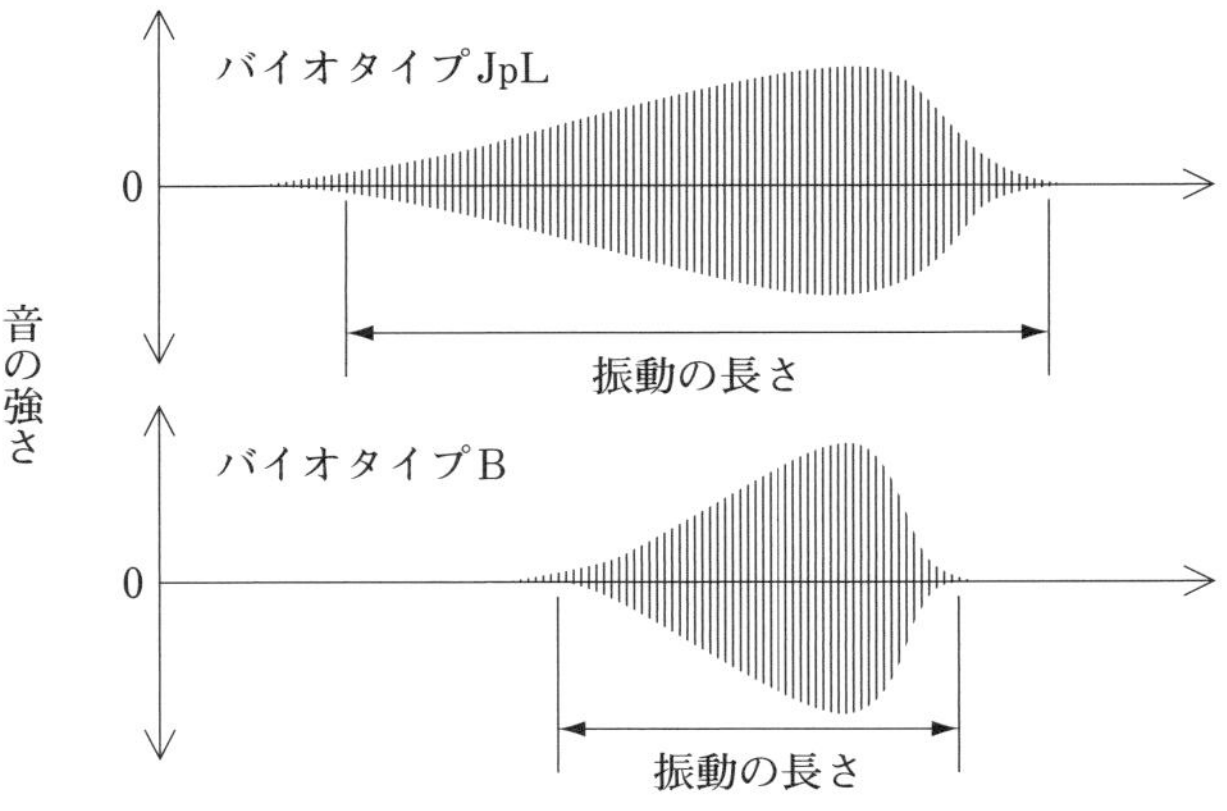

図1–10　バイオタイプによる交尾振動の違い

（上宮，1998から）

JpLは振動が長く低いのに対して,Bは短くて高い

JpLとBとQで微妙に異なるそうです（図1–10）。

人間にはわからない歌やスキンシップの方法で、同じバイオタイプかどうかを判断しているようです。

◆雄がいなくても卵は産める

一方で、タバコナは、交尾しなくても卵を産むことができます。この現象は、単為生殖と呼ばれ、多くの虫で知られています。タバコナの単為生殖は、産雄単為生殖と呼ばれ、雄だけが生まれます。交尾すると雄と雌の両方が生まれます。

飼育しているタバコナは雄より雌の割合が高くなります。温度などで変わりますが、六～七割は雌です。ただし、野外では雄と雌がめぐり会う確率が低くなります。交尾しない雌は雄だけしか産まないので、野外の雌の割合は低くなり、五分五分ぐらいになっているようです。

◆成人式まで約二二日

人間は二〇歳で成人式を迎えます。では、タバコナは卵から成虫になるまでに何日必要でしょうか。大好きな餌を十分食べさせて、快適な温度（二五℃）で飼うと、卵の期間が約七日、一齢幼虫が約四日、二齢幼虫が約三日、三齢幼虫が約二日、四齢幼虫が約六日、と合計二二日で成虫になります。虫の成長速度は、気温が上がると速くなり、下がると遅くなります。タバコナも同じで、気温が高い夏は約二〇日と短く、気温が低い冬は二ヵ月以上かかる場合があります（図1–11）。

❷ タバコナが好きな餌は

「衣」の次は「食」です。タバコナが好む植物は何でしょうか。また増えやすい植物や集まりやすい植物はあるのでしょうか。

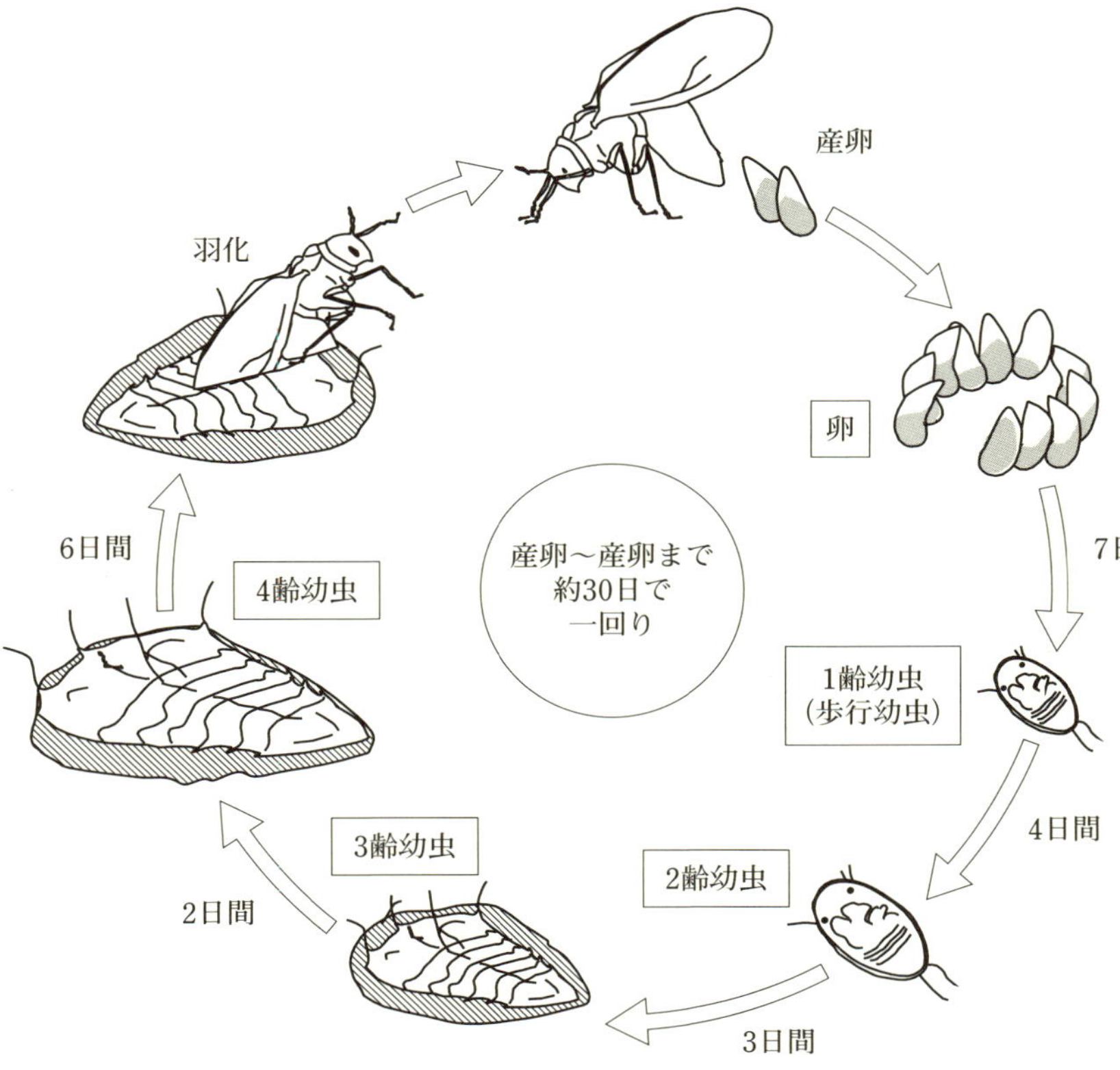

図 1-11　タバコナの一生　（イラスト著者）
成虫までは約 22 日，産卵できるまでは約 30 日

◆何でも食べるQとB

タバコナは、五〇〇種類以上の植物を餌にすることがわかっています。ただし、これはすべてのバイオタイプが餌にする植物の数。QとBが餌にするのは、この一部分です。それでも、日本で知られているだけでBが七五種類、Qが三五種類の植物に寄生します。餌になる植物は今も増え続けていて、何種類になるのか予想がつきません。しかし、種類の多さよりも、その幅の広さが問題です。

ふつう、トマトの害虫はトマトの仲間（ナス科の植物）だけとか、キャベツの害虫はキャベツの仲間（アブラナ科の植物）だけとか、虫によって偏食があります。

ちなみに、土着のJpLはQやBと違い、好き嫌いが激しいバイオタイプで、雑木林に生えているスイカズラなどを餌にしているようです。ダイズや

表1–2　タバココナジラミの主な寄主植物（飯田ら，2009から）

バイオタイプ名	寄主する植物
B	トマト，ナス，バレイショ，ピーマン，カボチャ，キュウリ，スイカ，マクワウリ，メロン，キャベツ，カラシナ，ダイコン，ハクサイ，ホウレンソウ，サトイモ，サツマイモ，アサガオ，インゲンマメ，ダイズ，ラッカセイ，イチゴ，シソ，オクラ，アスター，セイタカアワダチソウ，キク，ゴボウ，ノゲシ，ミツバ，トルコギキョウ，ポインセチア，ハイビスカス，シュッコンカスミソウなど
Q	トマト，ナス，ピーマン，トウガラシ，カボチャ，キュウリ，スイカ，マクワウリ，メロン，キャベツ，ダイコン，茎ブロッコリー，サツマイモ，インゲンマメ，シソ，セージ，バジル，アスパラガス，セイタカアワダチソウ，ノゲシ，ヒマワリ，トルコギキョウ，ポインセチア，ハイビスカスなど
JpL	サツマイモ，ワタ，シソ，ナス，ダイズ，キャベツ，スイカズラ，タバコ，ハイビスカスなど

サツマイモも餌にできるようですが、あまり増えません。また、QとBの被害が問題となるメロンやトマトで飼うと、数日で死んでしまいます。JpLの好みは、バイオタイプQやBと全然違い、人間に迷惑がかかるような植物を避けているかのようです。

　でも、QとBは何でも「あり」なのです。キクの仲間（キクやガーベラ、セイタカアワダチソウなど）でも、ナスの仲間でもウリの仲間（メロン、キュウリ、スイカなど）でもキャベツの仲間も餌にして増えます。これは、とても厄介な性質です（表1－2）。

◆だからどこにでも住める

　食べる餌が限られると、餌がない場所には住めません。逆に何でも餌にできれば、どこに行っても生きていけます。何か食べられる植物が必ず生えているからです。たとえば、セイタカアワダチソウ。アメリカから入ってきたこの雑草は、いまや日本全国どこの町でも空き地の片隅に生えています。バイオタイプQとBは、これだけでOKです。とりあえず生きていけます。QとBはどこででも生きることができる虫、というわけです。

◆でも好物はある

　何でも食べるといっても、好物とそうでないものがあります。この点は人と同じです。ただし、QとBが餌にする植物の種類はだいたい同じですが、好みは少し違います。

　たとえばキャベツです。タバコナの研究者は、キャベツを使ってBを増やしてきました。Qもキャベツで増やそうとしましたが、うまく増えないので、研究者たちは困り果ててしまい

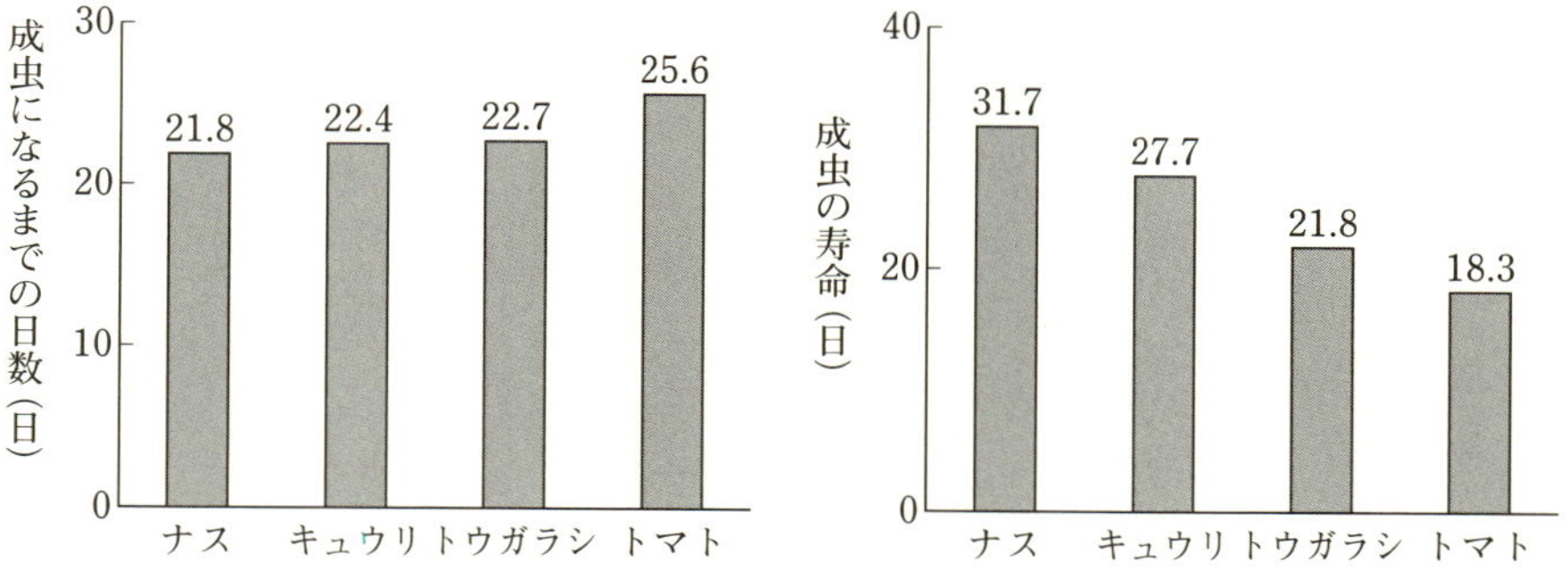

図1-12　成長の速さと寿命は餌で違う
（Kakimoto et al., Appl.Entomol Zool 42:63-70, 2007から）

ました。結局Qは、キャベツは食べるけど好物ではなかった、ということです。

ピーマンやインゲンはその逆です。Bはピーマンやインゲンではあまり増えません。しかし、Qは爆発的に増えて、ピーマンではすす病を発生させ、インゲンでは莢が白くなる障害（白化莢）を起こすなど、大きな被害を出します。

考えてみれば、人も出身地（国）が違えば、食べ物の好みに差があります。Qはスペイン出身、Bは東北アフリカ出身です。餌の好みに差があるのは当然といえます。

◆餌で変わる寿命

人と違うのは、餌の種類で成長の速さや寿命に差がある、という点です。タバココナジラミの成虫の寿命は約三〇日ですが、餌によって変わります。バイオタイプBは、ナスで飼うと約三二日ですが、トマトで飼うとその半分、約一八日になってしまいます。

成長の速さも変わります。ナスに産み付けられた卵は、約二二日で成虫になりますが、トマトでは約二六日と、四日ほど長くなります。ナスは、Bにとってトマトよりも美味しい食べ物のようです（図1-12）。

◆餌で増え方も変わる

美味しい餌を食べれば、健康になり、長生きできてたくさんの卵を産むことができるようです。Bは、ナスを餌にすると卵を一日に七個、産むことができます。しかし、トマトではその半分の三・五個になります。一匹の雌が産む卵の総数は、一日に産む卵の数に寿命を掛けた数です。前に述べたとおり、ナスを餌にするとトマトより寿命が長くなるので、その差がさらに広

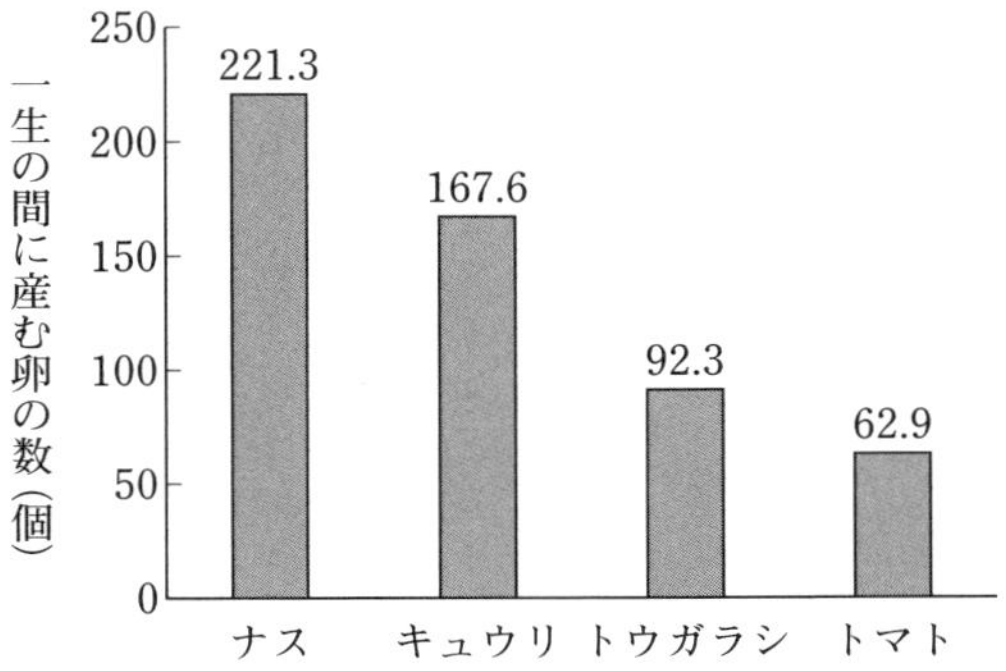

図1–13　子どもの数も餌で大違い
（Kakimoto et al., Appl. Entomol Zool 42:63-70, 2007から）

がります。計算すると、ナスが二二一個、トマトが六三個となり、三・五倍も差があります（図1–13）。

　タバコナの数は、卵が成虫になる割合（生存率）が高いほど多くなります。柿元ら（二〇〇七）が調査したところ、餌がナスだと生存率は八三％、トマトだと五七％でした。

　一組の雌雄が産み出す成虫の数は、産卵数×生存率です。ナスでは、二二一個×八三％＝一八三頭。一世代の増加率は、元が雄雌各一頭なので、一八三頭÷二頭＝九一・五倍となります。同じようにトマトでは、六三個×五七％＝三六頭、三六頭÷二頭＝一八倍となります。卵が成虫になるのに約一ヵ月かかるので、一ヵ月の増加率と一世代の増加率はほぼ同じです。

　では、以上のことを頭にいれて、Bの増え方をシミュレーションしてみましょう。一組のタバコナがふらふらと飛んできたとします。ナスでは約一ヵ月で九〇・五倍の一八三頭に、二ヵ月後にはその九一・五倍の一万六七〇〇頭、三ヵ月後にはさらにその九一・五倍の一五三万頭……というように増えていきます。嫌いなトマトでも、三ヵ月で一万二〇〇〇頭まで増えます。ねずみ算のねずみも真っ青な増え方です。

◆増える前に叩く

　図1–14で示したように、いったん増え始めるとタバコナの数は急カーブで増えていきます。野球のカーブをうまく打つには、「曲がりバナ」を叩くのがコツです。曲がっていく玉を打つと、うまく当たらず、ぼてぼてのゴロになるのがせいぜいです。タバコナの防除も同じです。増え始める直前の「曲がりバナ」に防除するのがコツです。増え始めてから叩いても、次々と増えてきて、凡打の山をつくることになります。野球では三割打てば一流のバッターですが、害虫防除は一回でも失敗すればアウトです。慎重かつ大胆に防除することが大切です。

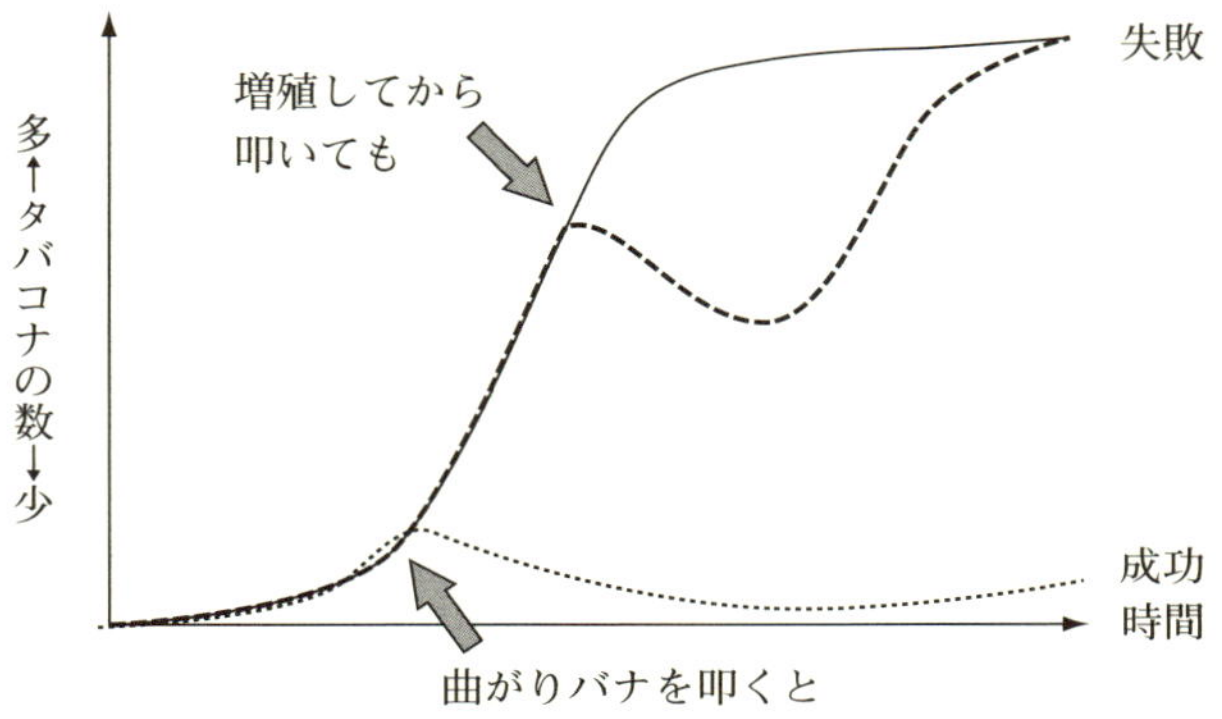

図1−14　防除のタイミングは曲がりバナ

❸ ハウスの中で優雅に暮らす

最後に「住」についてお話ししましょう。タバコナがどこで暮らしているかわかるとその弱点が見えてきます。

◆住み家は葉の裏

タバコナは、一生の大部分を寄主植物の葉の裏で過ごします。理由の一つは、人を含む天敵から隠れるためです。成虫は、口針を葉に突き刺して食事を始めると、人が近づいたり、葉を少しゆする程度では動きません。動いたほうが危険だ、ということを知っているのです。

このためタバコナを見つけるには、葉を裏返したり激しくゆすったり、下から覗かないといけません。小さいだけでも見つけにくいのに、「葉裏でじっとしている」だけの作戦で、さらに見つけにくくなっています。

葉裏に住むもう一つの理由は、住み家を清潔に保つためです。タバコナの排泄物（おしっこ）は、糖分を多く含んでいてベタベタします。幼虫は動けないので、上手に捨てないと排泄物が溜まって、家が不潔になります。不潔になるだけでなく、天敵がタバコナを探す目印になると大変です。この点、葉裏に住んでいると楽です。動かなくてもポトポトと落として、家を清潔に保つことができます。

◆株全体を住み家にしている

タバコナの成虫は、光が当たる方向に移動する性質があるので、生長点周辺の新葉に多く集まる傾向がありますが、幼虫は生長点周辺よりも中位葉や下葉に多く寄生しています。成虫は幼虫より目立ちます。しかも、立体栽培のトマトやメロンでは生長点周辺の葉が観察しやすいので、この部分に多く寄生しているように見えます。しかし、トマトやメロンで調べてみると下葉から新葉まで寄生している成虫と幼虫の合計数に大きな差はありません。農薬は下葉から新葉までまんべんなく散布する必要があるということです（図1

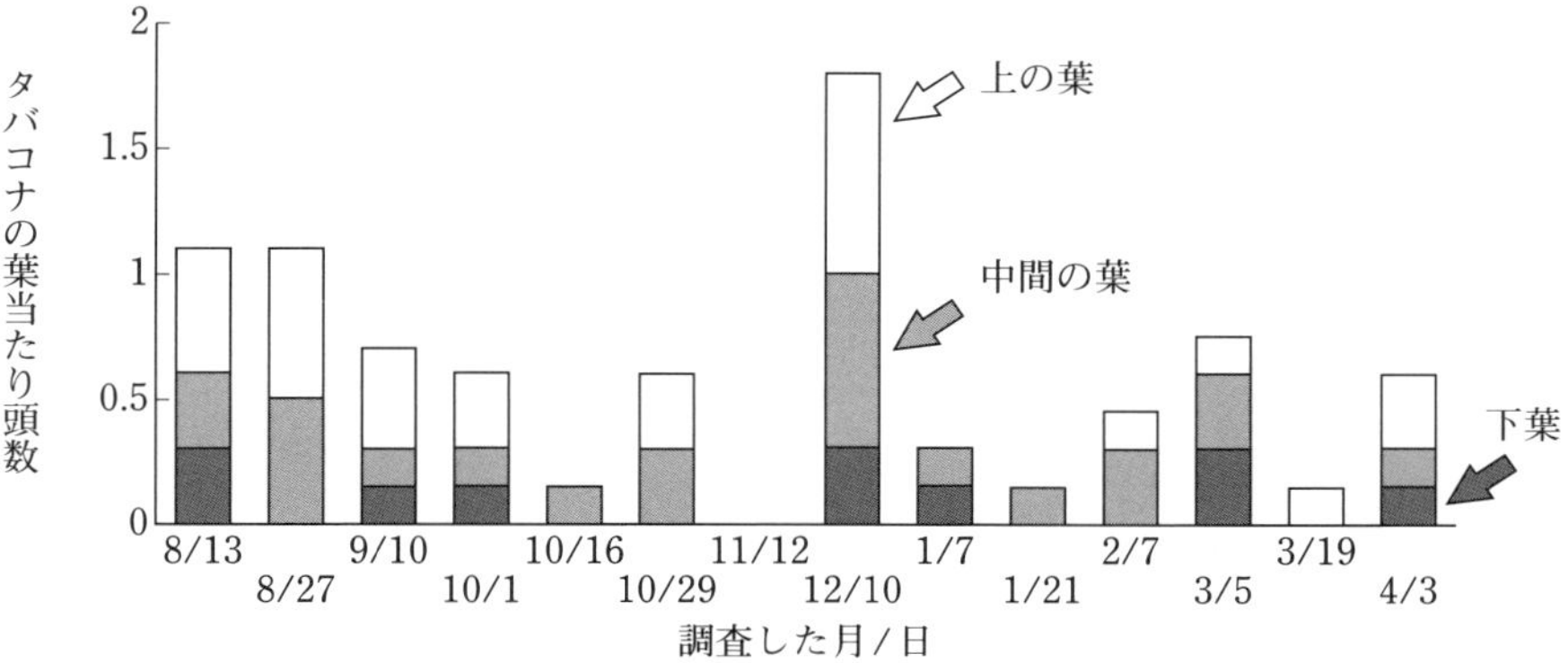

図1-15　トマト株の中でタバココナジラミが住んでいる場所（古家, 2004から）

−15）。

◆野外の雑草地は苦手

タバコナはセイタカアワダチソウなどの雑草も餌にして増えることができます。では、野外の雑草地の住み心地はどんなものでしょうか。

ハウス周りの雑草を観察すると、確かにタバコナが見つかります。キクの仲間のノゲシやセイタカアワダチソウ、アキノノゲシ、マメの仲間のクズでは成虫だけでなく、卵や幼虫も見つかり、これらの雑草を餌に増殖していることがわかります。でも、見つかる数は、セイタカアワダチソウで一本の茎に多くても一頭程度、クズは多いほうですが、それでも一枚の葉に一〇頭くらいです。一枚の葉に千頭以上が寄生するメロンやナスには遠くおよびません。雑草では、細々と生き延びるだけで精一杯のようです（図1−16）。

バイオタイプBやQの出身地は乾燥地帯なので、日本のような雨が多くて、ジメジメした気候は苦手です。雑草地で増えない理由の一つは、この日本特有の気象もあるようです。

ほかには天敵との戦いやほかの虫との競争があります。タバコナはツヤコバチやカスミカメ、クサカゲロウ、テントウムシの魔の手から逃げ延びたり、同じ植物を餌にする虫との競争に勝ち残る必要があります。ほ場の外は、中にくらべて天敵や競争相手が多く、安定した昆虫社会をつくっています。よそ者のタバコナにとって野外の雑草地は、四面楚歌の場所なのです。

◆寒いのも苦手

冬は、虫にとって生死をかけたきびしい季節です。寒い地方に住む虫は、冬を越すために冬眠などの方法を進化させていますが、暖かい地方に住んでいる虫は、寒さ対策が必要ないので、冬を越すための特別な手段をもっていません。当然、熱帯や温暖な地域が出身地のバイオタイプBやQは寒さに弱いと考えられます。

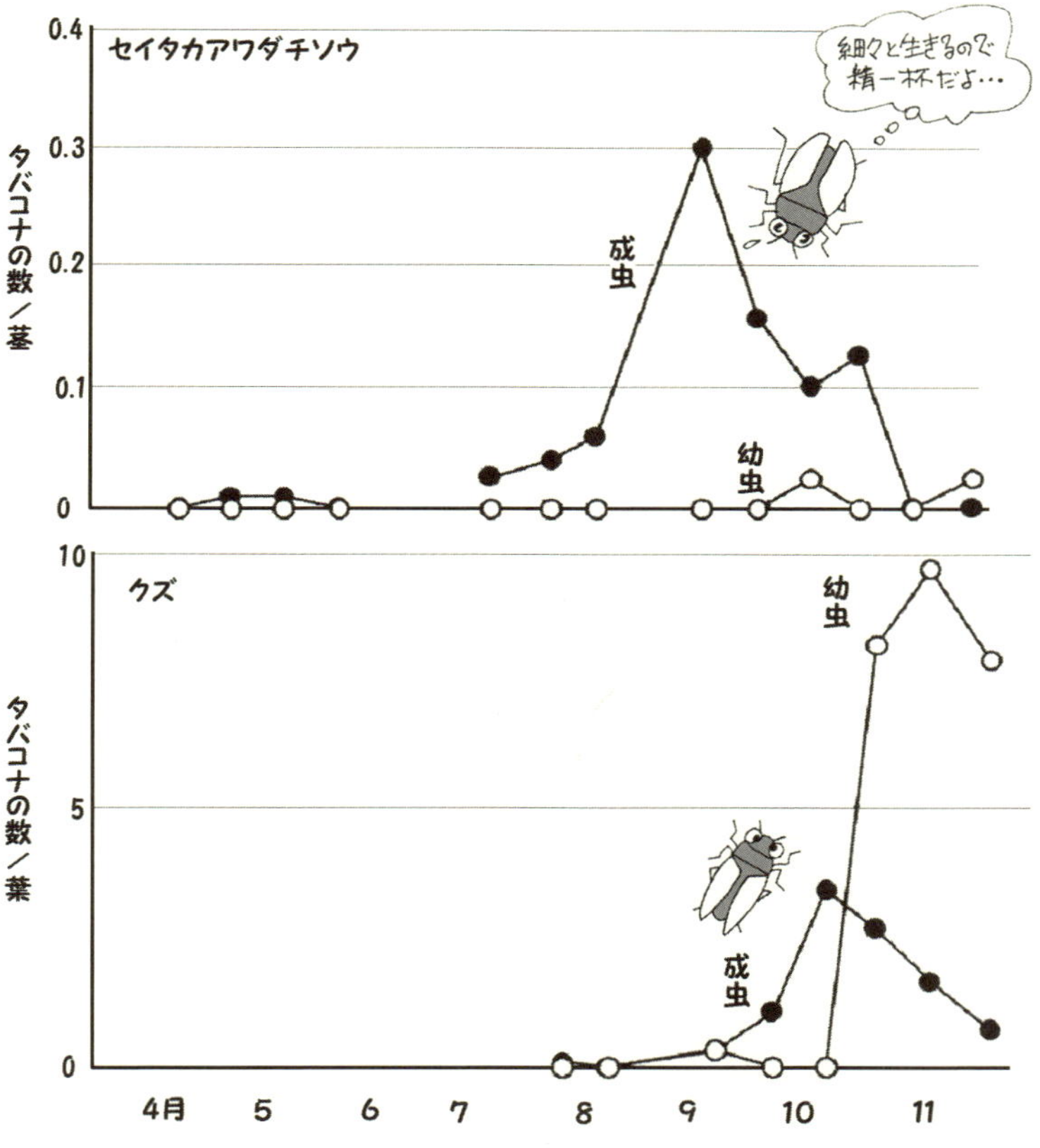

図1-16　雑草に住んでいるタバココナジラミの数（古家，2004から）

　冬、タバコナをハウスの外で見つけることはできません。Bの成虫や卵、幼虫が寄生したキャベツを野外に置くと、翌春までにすべて死亡します。予想どおり、Bは日本の冬を生き残れないようです（表1-3）。

　Qが日本で越冬できるかどうかは、まだわかっていません。現在、研究者が詳しい試験しているところです。しかし、暖かな九州でも冬の間は野外で採集されません。Qも寒さに弱く越冬しない、仮に越冬してもその割合は低いと考えています。

◆越冬はハウスの中で

　では、タバコナはどこで越冬しているのでしょうか。答えは簡単です。農家のハウスの中がその越冬場所です。

　ハウスの中は、作物を寒さから守るために一〇℃以上に保たれています。タバコナにはちょっと肌寒いでしょうが、我慢できない温度ではありません。実際、ハウスの中のタバコナの数を調べてみると、寒さがきびしい真冬こそ少なくなりますが、成虫も幼虫もつねに見つかります。

表1-3　タバコナジラミは野外で越冬できるのか？

（内川・小川，2003から）

齢	12月13日に放した虫の数	2月18日まで生き残った虫の数
成虫	100	0
4齢幼虫	40	0
3齢幼虫	31	0
2齢幼虫	8	0
1齢幼虫	50	0
卵	67	0
合計	296	0

・キャベツに寄生した虫（バイオタイプB）を野外において調べた
・調べた期間で最低気温が0℃以下になったのは4日だけ

そしてハウスの中で冬を過ごしたタバコナは、気温が上がると増え始めます。そうして開放されたハウスサイドや天窓から新しい住み家を探して、ほかのハウスや露地野菜に移動していきます。

屋外で冬を越せない＝ハウスの中で冬を越す、という性質はタバコナの弱点の一つで、防除を考えるうえでも大切なポイントです。屋外で冬を越せる害虫は、ハウスの中だけを防除しても、越冬場所から次々と侵入するので、春以降の発生を少なくできません。しかし、屋外で越冬できないタバコナは、ハウスの中の防除を上手に行なうことで、翌春の発生を少なくすることができます。仮に、すべてのハウスで完全に防除できたとすれば、あるいは、冬の間ハウスで農作物をつくるのを止めれば、理論上タバコナを絶滅させることも可能です（図1‐17）。

④ 高く舞い上がる白い悪魔たち

天国のように居心地がよいハウスの生活も永遠に続くわけではありません。栽培期間が終わると、餌になる作物がなくなり、餓えに苦しむようになります。そのとき、楽園を失った天使ならぬ悪魔たちはどうするのでしょう。

◆一斉に外へ

タバコナは絶食に弱い虫です。餌を食べないと一日で餓死してしまいます。このため、夜昼関係なく、つねに餌を食べ続けます。ところが、ハウス内の作物は、収穫が終わると片付けられます。餌がなくなったタバコナは、生き残るために次の餌を求めて移動し

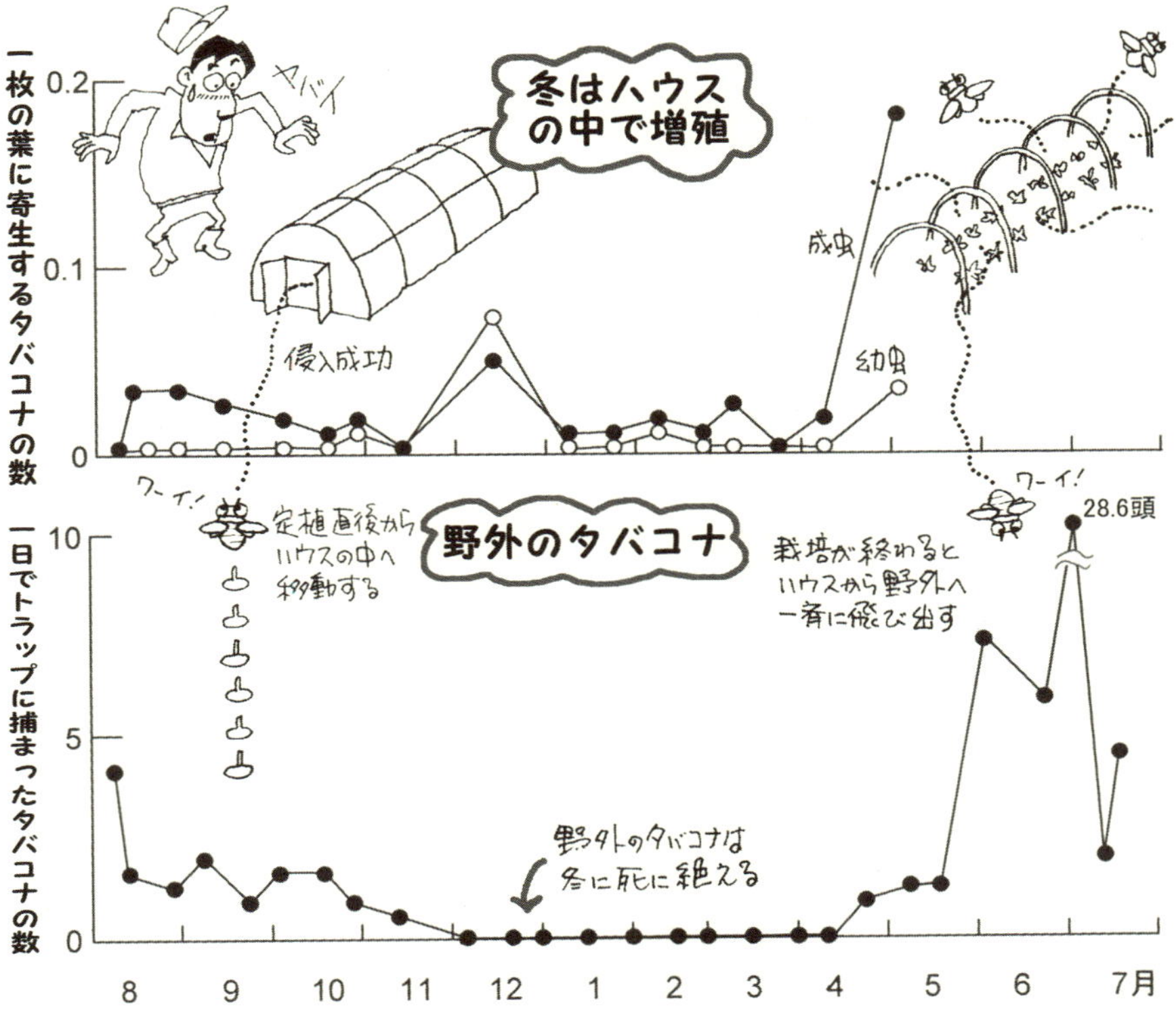

図1-17　促成栽培地帯のタバココナジラミの一年

なければなりません。しかも、一日以内に見つけないと死んでしまうのです。栽培が終了すると同時に、ハウスの中からハウスの外へ、生死をかけた大移動が起こります。

栽培が終わって作物を片付けると、それまで隠れていたタバコナが餌を探して現われます。どのくらい隠れているのか、黄色粘着板を使って調べてみました。すると、トマトの栽培が終了したとたん、栽培しているときの一〇倍以上の数が捕まったのです。成虫で一〇倍、幼虫まで含めると……。このことで、作物の中に思った以上のタバコナが隠れ住んでいることがわかります（図1―18）。

ハウス地帯ではどのハウスもほぼ同じ時期に栽培が終わります。それぞれのハウスから一斉に外へと大量のタバコナが飛び出していきます。そのことは栽培が終わる時期に、ハウス周囲の

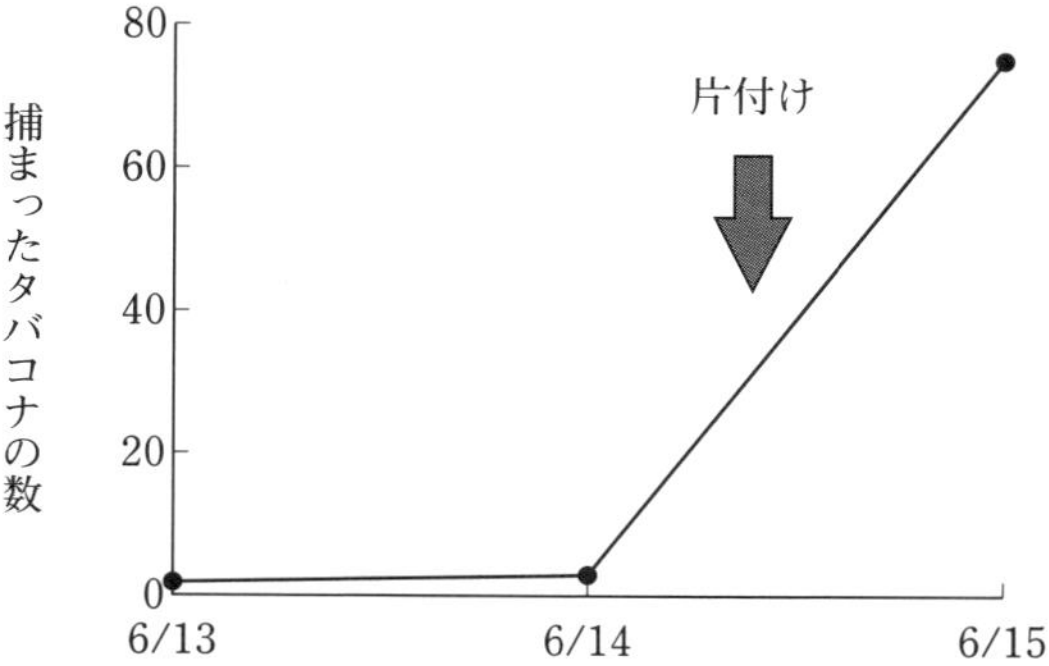

図1–18　片付け前後に捕まるタバココナジラミ成虫の数（古家, 2006から）

黄色粘着板に捕まるタバコナの数が急激に増えることでもわかります。小さくてよく見えませんが、栽培が終了する時期には、白い悪魔たちがハウスの周辺を乱れ飛んでいるのです。

　餌がなくなると大量のタバコナが他の植物に移動する現象は、ハウスだけでなく、露地の作物でも、雑草でも起こります。栽培を終わるときや除草作業をする場合は、タバコナの移動で周りに迷惑がかからないような工夫が必要です。その方法は防除の項で詳しく説明します。

◆ふたたびハウスの中へ

　ハウスから外に飛び出したタバコナは、周辺の雑草や露地作物へ移り住みます。もちろん、周辺のハウスにふたたび侵入するタバコナもいます。そして、春先から晩秋まで、作物の間を放浪しながら世代交代をくり返します。

　秋になり気温が下がると、屋外で活動するタバコナの数は徐々に少なくなっていきます。そして平均気温が一〇℃以下（最高気温だと一五℃、最低気温だと五℃以下）になると、屋外での活動が終わります。

　タバコナは屋外で越冬できません。温度が下がる前にハウスの中に潜り込めるかどうかが、運命の分かれ道となります。ハウスに潜り込めたタバコナだけが生き延び、子孫がふたたび春を迎えることができます。

　このように、タバコナは春、ハウスから屋外に出て、夏、屋外とハウスをいき来しながら増殖し、秋ふたたびハウスに戻ってくる、という生活を毎年くり返しているのです。

❺ そして怖い病気をつれてくる

　タバコナの被害は大きく二つに分けられます。一つは、タバコナだけで発生する被害、もう一つは、タバコナが運ぶ病気で発生する被害です。

◆タバコナだけで起こる被害

　タバコナは針状の口を植物に突き刺

して、師管から養分を奪い取り、植物の生育を悪くしたり、収量や収穫物の品質を低下させます。

ただ、タバコナ一頭が吸汁する栄養分はごく微量です。生育や収穫物の品質に影響が出るには、大量のタバコナが寄生する必要があります。たとえば、メロンの果実糖度が低下するには、一枚の葉に四〇〇頭以上の成幼虫が寄生しなければなりません（広瀬、一九九七）。一方、タバコナが出す排泄物による被害は、それより少ない数で起こります。タバコナの排泄物は糖分を多く含むためベタベタしています。果実などに排泄物が付くと表面がベタついて、商品価値が下がります。また、このベタベタを栄養分に、すす病が発生します（写真1-6）。病という言葉が付いていますが、病気ではありません。かびが、植物の表面にくっ付いているだけで、植物には影響ありません。しかし見た目が悪くなるので、商品価値はゼロとなります。メロンでは、一枚の葉に成虫が一〇〇頭寄生すると、すす病が発生します。防除は、成虫が五〇頭寄生した時期に行ないます。しかしこれは次に見るウイルス病にくらべれば甘～い基準です。

写真1-6　すす病が発生したメロン

◆タバコナがうつすウイルス病

タバコナは、いろいろなウイルス病をうつすことが知られています。日本で問題となっているのはトマト黄化葉巻ウイルス（TYLCV）とウリ類退緑黄化ウイルス（CCYV）の二つです。TYLCVは、トマト黄化葉巻病を引き起こす恐ろしいウイルスで、全世界のトマト産地で問題となっています。一方、CCYVは二〇〇四年に九州で突然メロンやキュウリに発生した「黄化症」を引き起こすウイルスです。新しく、退緑黄化病という名前が付けられましたが、メロンとキュウリに大きな被害を与えています。

ウイルス病については、次の項で詳しく説明します。ここでは、タバコナはトマトやメロン、キュウリにウイルス病を媒介して大きな被害を起こしているということを覚えておいてください。

◆ウイルス病と似て非なる異常症

ウイルス病に似ている被害に「異常症」があります。異常症はタバコナが寄生すると発生する障害で、トマトの着色異常症やカボチャの白化症などが有名です（写真1−7）。しかし、異常症はウイルス病ではありません。ウイルス病にかかった株は、タバコナを防除しても治りません。しかし、異常症はタバコナを防除すると、新しく伸びた部分の果実や葉は正常に戻ります。

写真1−7　トマトの着色異常果（上）とカボチャの白化症状（下）

つまり、異常症はタバコナの寄生で発生する「障害」なのです。

異常症の原因はまだわかっていません。しかし、タバコナが出す未知の物質や、植物がタバコナの吸汁に対抗して出す特別な物質が関係していると考えられています。では、タバコナが何頭寄生すれば発症するのでしょうか。

異常症の代表、トマトの着色異常症の場合は、三齢幼虫が果房に隣接する二枚の葉に八〇頭程度寄生すると、発症することがわかっています（松井、一九九二）。ウイルス病とくらべてはるかに多いタバコナが寄生しないと、異常症は発症しないようです。

◆異常症はバイオタイプQでも起こる

異常症は、これまで長い間バイオタイプBだけが起こすと信じられていました。そのため、Bはカボチャの白化症にちなんでシルバーリーフコナジラミ（銀色の葉のコナジラミ）という名前が付けられたのです。しかし近年の調査でその他のバイオタイプでも異常症が起こることがわかってきました。Qもその一つです。Bと同じようにQも、インゲンの白莢症やトマトの着色異常症、カボチャの白化症を起こすことがわかってきたのです。

　Bは三〇種以上の植物に異常症を起こします。Qがどんな植物に異常症を起こすのかについては、現在調査中です。

◆ウイルスのために超一級の重要害虫に

　タバコナだけで起こる被害は、タバコナの数を少なくすれば防ぐことができます。タバコナの増え方を観察しながら上手に防除すれば、仲よく付きあえます。このため、タバコナは二流の害虫で、あまり問題にされませんでした。しかし、TYLCVが発生してからタバコナ防除の考え方が大きく変わりました。TYLCVはウイルスをもった一頭が一五分吸汁するだけで感染します。しかも、発病したトマト株があると、周りに次々と病気が広がります。

　さらに、ウイルスに感染した作物は元に戻りません（写真1−8）。この恐ろしい病気にくらべれば、すす病や異常症など足もとにもおよびません。

　このため、TYLCVが発生したトマト産地では、これまでと違ったタバコナ対策が必要となりました。また

写真1−8　黄化葉巻病で全滅したトマトハウス（上）と退緑黄化病に感染したメロン（下）

CCYVが発生したことで、ウイルス対策が必要な作物はメロン、キュウリにも広がりました。

結局、ウイルスたちがタバコナを超一級の重要害虫、農家の敵に押し上げたのです。

第Ⅱ章

タバココナジラミ、ウイルスに出会う

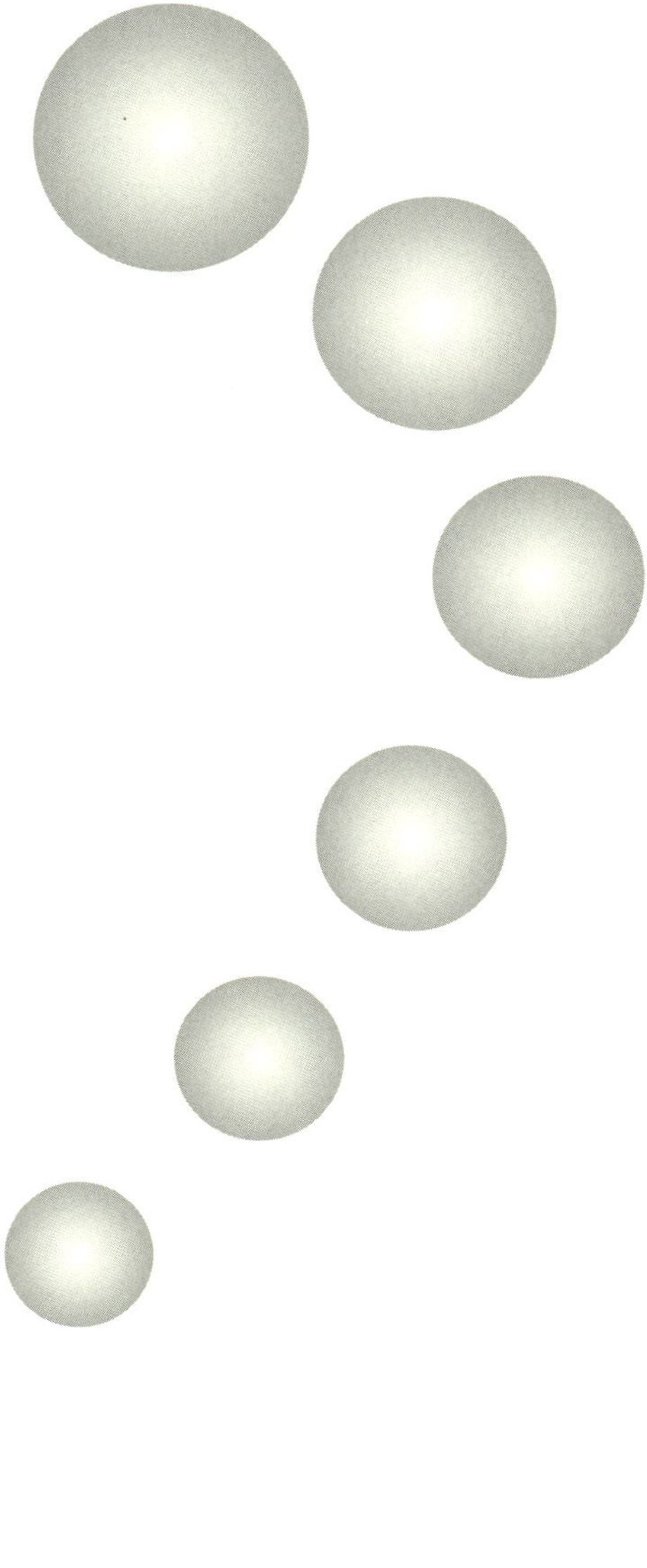

1 まったく厄介な病気

① トマト黄化葉巻病とは

トマト黄化葉巻病は一九九六年に侵入した新しいウイルス病です。原因は、*Tomato yellow leaf curl virus*（トマトイエローリーフカールウイルス）というウイルスとなります。訳すとトマト黄化葉巻ウイルスとなります。一般には略してTYLCVやTYと呼ばれていますが、本書ではTYLCVと表記します。

◆葉が巻き、節間が縮まり、株は箒（ほうき）を逆さにしたように

TYLCVが感染したトマトは、名前のとおり葉が巻いて黄色くなります。最初は、小葉の縁が上側に軽く巻き上がり（写真2－1①）、葉脈の間が黄色くなります。この時期の症状は生理障害とよく間違われます。しかし、症状が進み、小葉の縁が下側に強く巻き（同②）、スプーンを伏せたような形になると、簡単に区別できるようになります。このあと、小葉が縦方向に縮んで菱形になり（同③）、葉全体が縦方向に巻き始めます。葉の黄化も激しくなるため、生長点全体が黄色いパーマ頭のようになります。そして、葉が横方向に縮み糸状になると最終段階です（同④）。

また感染株は、節間（葉と葉の間隔）が短くなり、生育が遅くなります。病気にかかった先端の芽が伸びないので、余った栄養分が脇芽の生長に使われます。このため、脇芽があちこちから伸び始めて、箒（ほうき）を逆さにしたようになります。ここまで症状が進むと、実が着かなくなり、収穫量が減少します。

◆特徴が徐々に明らかに

この病気が侵入して間もない二〇〇〇年前後は防除法がわからず、すべての株がトマト黄化葉巻病にかかり、栽培を途中で放棄したハウスが多く見られました。また、育苗中の苗が発病して、すべて廃棄する農家も出るなどさまざまな面で農家の経営を圧迫しました。

しかし侵入から一〇年以上たち、病気の特徴や防除法が明らかになっています。まずは、ウイルスの生い立ちや特徴から説明を始めましょう。

写真2-1　トマト黄化葉巻病の症状

①葉の黄化と上側への軽い巻き上がり，②葉が小さくなり縁が下側に強く巻く，③縦方向に縮んで菱形になる，④最後は葉が糸状になる

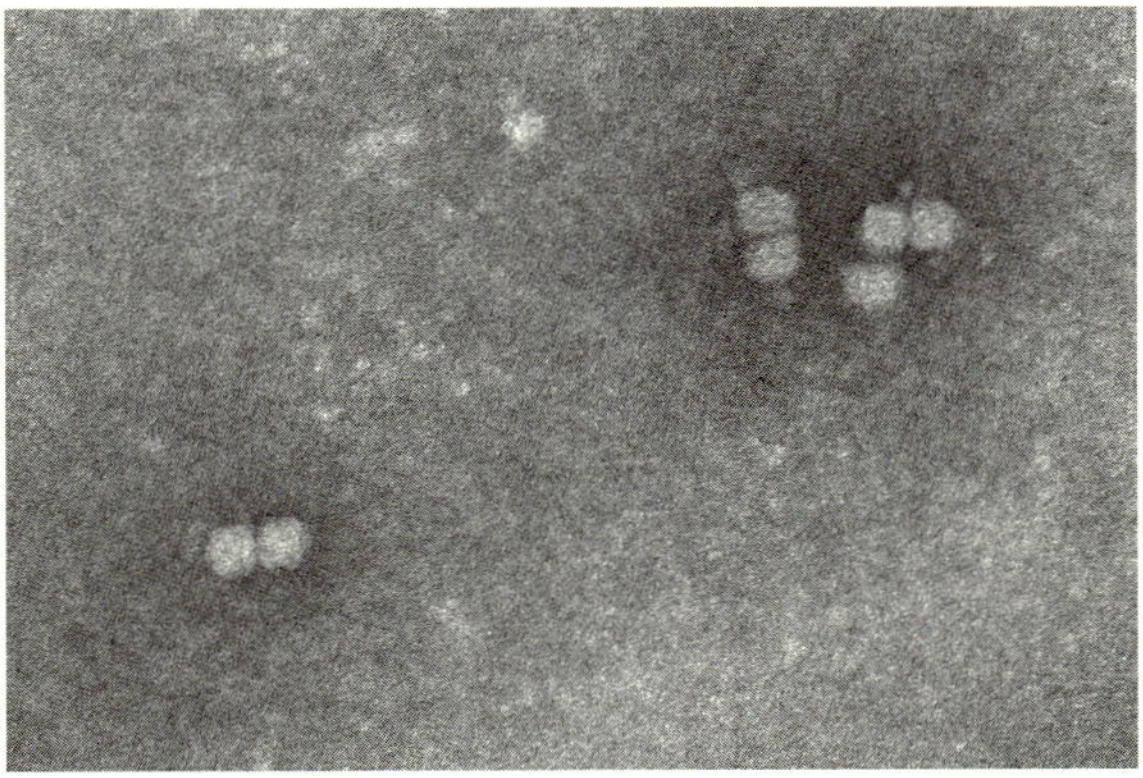

写真2-2　電子顕微鏡で観察したトマト黄化葉巻ウイルスTYLCV　（上田原図）

❷ タバコナだけがうつす

TYLCVはウイルス病の一種です。電子顕微鏡で観察すると、二つのボールがくっ付いた形（双球型）をしています。ボールの大きさは約二〇ナ

ノメーター（一〇万分の二ミリ）です。このような双球型のウイルスを双子のウイルス、ジェミニウイルスと呼びます。ジェミニウイルスの仲間は、形のほかにコナジラミの仲間がうつすという性質をもっています。当然、TYLCVもコナジラミが媒介するウイルスの一つです（写真2–2）。

◆タバコナがTYLCVを媒介

虫が媒介するウイルスのことを「虫媒伝染性ウイルス」と呼びます。虫媒伝染性ウイルスは特定の虫をパートナーに選び、そのパートナーを上手に使う性質を進化させています。TYLCVがパートナーに選んだのはタバコナです。その他の虫、たとえばオンコナやアザミウマは媒介しません。

日本に住んでいるタバコナには第I章で見たように六つのバイオタイプがあります（名前があるのは現在四つ）。このうち、QとBとJpLは、TYLCVを媒介することがわかっています。トマト好きのQとBは、高い確率でTYLCVを媒介します。しかし、JpLはトマトが嫌いです。TYLCVを媒介する能力はありますが、トマトに寄生しにくいので問題になりません。つまり、TYLCVを媒介するのは、外国生まれのQとBということになります。

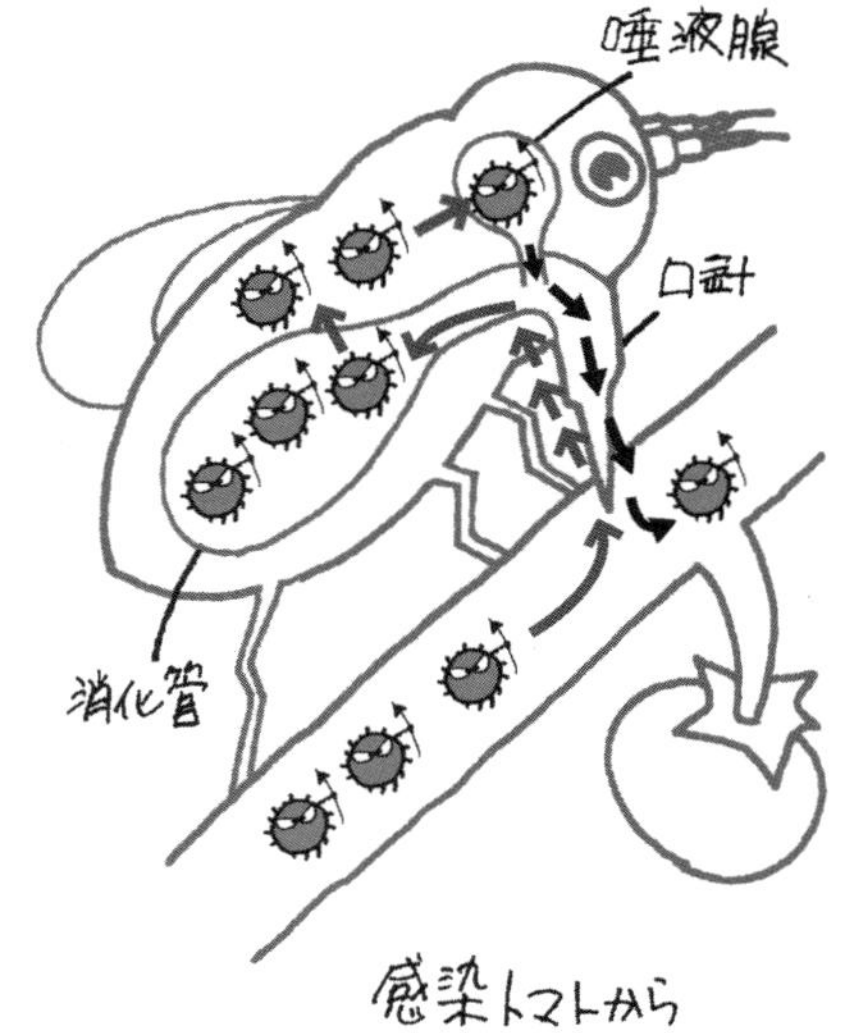

図2–1　吸汁し，唾液腺にためて，送り込む

◆感染株を吸汁して保毒虫に

トマト黄化葉巻病にかかったトマトに寄生したタバコナは、師管に口針を挿し込み、栄養分と一緒にTYLCVを吸い込みます。吸い込んだTYLCVは、消化管（タバコナも胃や腸をもっています）から体液の中に吸収されます。さらに、体液の流れにのり、唾液をつくる器官、唾液腺に集まります。人も、ものを食べるときに唾液が出ますが、タバコナも同じで、唾液を出しながら植物から栄養分を摂ります。このとき、TYLCVが唾液と一緒に送り込まれ、トマトが感染するというわけです（図

2−1）。このように、体の中にウイルスを取り込み、媒介できるようになった虫のことを「保毒虫」と呼びます。

タバコナが保毒虫になり、トマトにウイルスを媒介するためには、TYLCVを「吸い込む」「唾液腺に集まる」「送り込む」の三つのステップが必要です。このステップを通過するにはそれぞれ一定の時間が必要です。

まとまった量のTYLCVを「吸い込む」ためには一日必要で、この時間を「吸汁獲得時間」とよびます。

次いで、体の中に吸い込まれたTYLCVが唾液腺にたどり着くまでには八〜二四時間必要です。この間は、タバコナはTYLCVをもっていても媒介できないので「潜伏期間」と呼ばれています。最後が一定量のTYLCVを「送り込む」時間で、「接種吸汁時間」と呼ばれていますが、最短で一五分です（図2−2）。

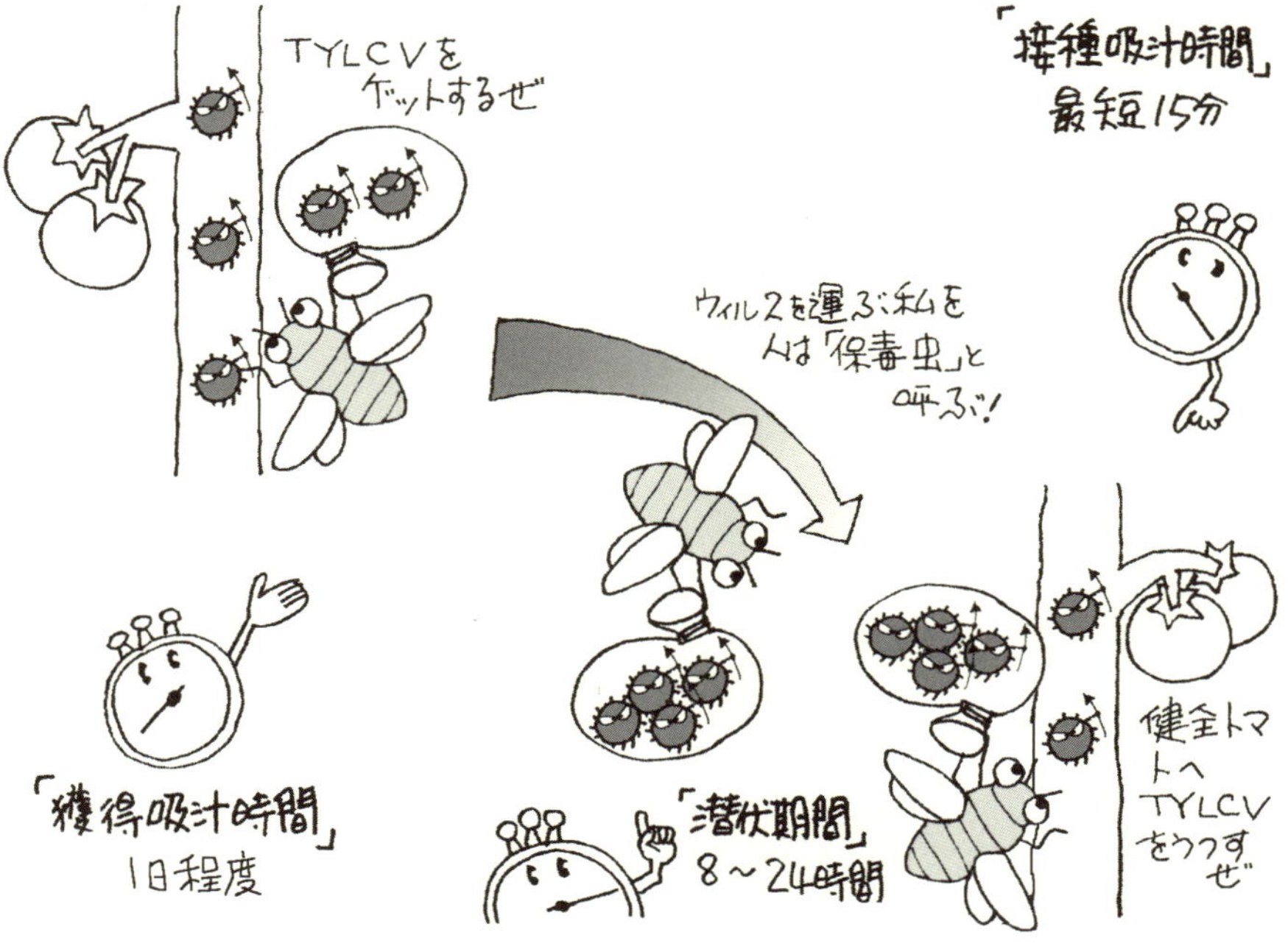

図2−2　保毒虫によるウイルス感染は最短15分！

表2-1　トマト黄化葉巻ウイルスの伝染方法

伝染の方法	伝染	備　考
虫媒伝染	する	**感染植物を吸汁したタバコナがうつす。タバコナ以外の虫はうつさない**
経卵伝染	しない	保毒虫から生まれた子どもはウイルスをもたない
接ぎ木伝染	する	感染した台木や穂木を使うと，健全な穂木や台木にTYLCVがうつる
接触伝染	しない	感染植物の樹液をすり込んでもうつらない。当然，葉かきや摘心作業程度でも大丈夫
種子伝染	しない	種子に付いてうつることはない
土壌伝染	しない	感染したトマトをすき込んでも大丈夫

タバコナは、一度保毒虫になると、媒介する能力を一生もち続けます。これは獲得吸汁したタバコナが唾液腺に一生かかっても使い切れない大量のTYLCVをため込むためです。

保毒虫は死ぬまでTYLCVを媒介し、それも短時間でトマトにうつすことができます。一頭でも畑の中に紛れ込めば、次から次に被害が広がるのは間違いありません。

◆保毒虫以外ではうつらない

TYLCVが発生して間もない頃、「アザミウマやアブラムシでうつらないか？」とか「摘心や葉かきで伝染するのか？」などの問い合わせが多く寄せられました。この質問の答えは、「大丈夫」です。

ウイルスの伝染方法には、種子でうつる「種子伝染」や土の中に残ったウイルスでうつる「土壌伝染」、摘心や葉かきなどの作業でうつる「接触伝染」、接ぎ木でうつる「接ぎ木伝染」などがあります。このうち、TYLCVは「接ぎ木伝染」しますが、その他の方法でうつることはありません。

この「接ぎ木伝染」も台木が感染していなければ問題がないので、TYLCVはまず、「タバコナでしかうつらないウイルス」と考えて間違いはありません（表2−1）。

◆ジェミニウイルスの仲間

ジェミニウイルスの仲間は、タバコナが住む世界各地でさまざまな植物に寄生して生活しています。その一つがトマト黄化葉巻病グループですが、このグループのウイルスは、アジアからアフリカの広い範囲に住んでいます。

第I章で、住んでいる環境にあわせてタバコナが数多くのバイオタイプに分かれていることを述べましたが、このトマト黄化葉巻病グループのウイルスも、それぞれの環境にあわせ性質が少しずつ違います。そしてそれらは、最初に見つかった地域の名前が付けられています。たとえば、中国のウイルスはトマトリーフカール「チャイナ」

◎日本に元々いる黄化葉巻ウイルスの仲間

トマトに黄化葉巻症状を起こすウイルスは日本にもいます。名前を、タバコイエローリーフカール「ジャパン」ウイルスといいます（TbLCJV）。日本産なので、しっかりと「ジャパン」という言葉が入っています。

　ところで、どうして「トマト」ではなくて「タバコ」なのか。実はウイルスの名前は、最初に見つかった植物の名前を入れるという決まりがあります。このウイルスは、タバコで最初発見されたので、タバコ……、という名前になったわけです。

　このウイルスに感染したトマトは、「トマト黄化萎縮病」になります。症状はトマト黄化葉巻病とそっくりで、区別できません。この病気は、一九七三年に奈良県で発見され、近畿地方より西の中山間地域を中心に発生していることがわかっています。トマト黄化葉巻病と一緒に出ると困ることになります。でも、心配はご無用です。

　実際にこの病気を見た人は少ないはずです。名前を知っている人も、皆さんのうち一〇人、いや一〇〇人に一人くらいだと思います。そのくらい珍しい病気です。九州や四国でときどき発生していますが、ほ場で数株に発生する程度なので、あまり問題になりません。ほ場を全滅させるようなトマト黄化葉巻病の発生とは対照的で、発生の程度で区別できます。バイオタイプJpLもそうですが、日本のウイルスや虫はとても恥ずかしがり屋で、人前に出たがらないようです。

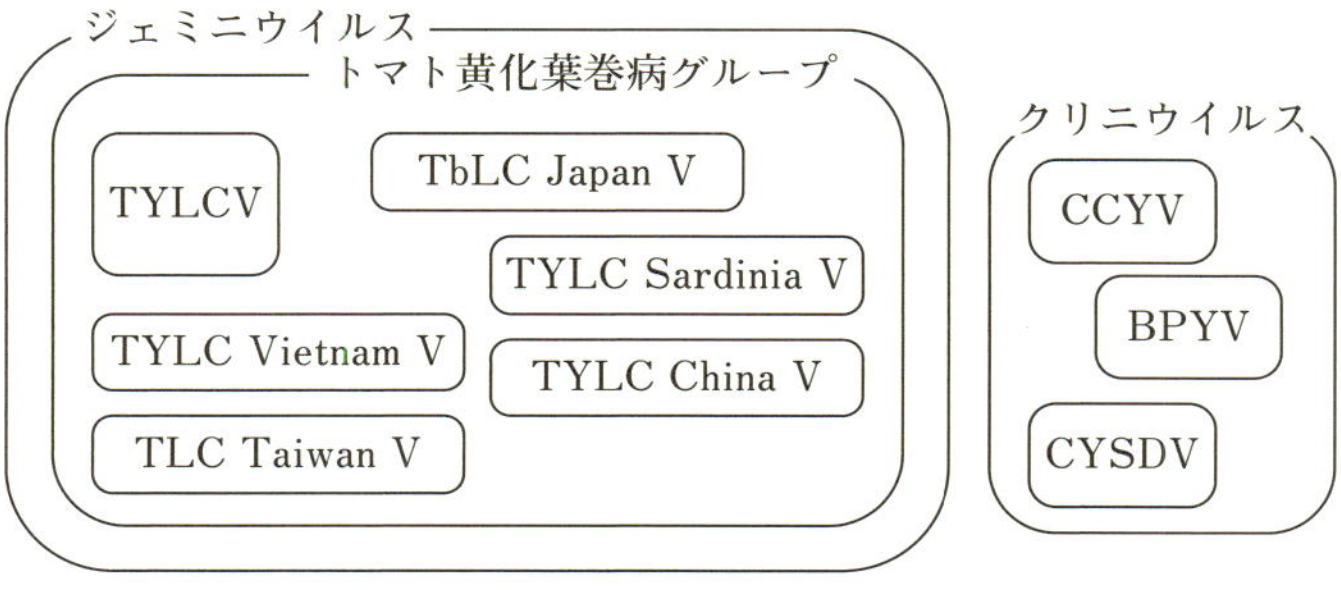

タバコナが媒介するウイルス達の関係

ウイルスだし、ベトナムのウイルスはトマトリーフカール「ベトナム」ウイルスといいます。ただし、このグループで最初に見つかったTYLCVは例外です。

◆TYLCVの故郷はイスラエル

数あるジェミニウイルスの中でもっとも怖いのはTYLCVです。このウイルスが起こすトマト黄化葉巻病が発見されたのは、イスラエルのヨルダン渓谷という場所です。一九五九年のことです。ヨルダン渓谷はヨルダン川の両側に広がるオアシスで、下流には有名な死海があります。写真やテレビで見た方も多いと思いますが、周辺は一面の砂漠地帯です。どうも、黄化葉巻病は、砂漠の真ん中で細々と生き延びていた風土病だったようです。

この病気を引き起こすウイルスにTYLCVという名前が付けられたのは、一九六四年ですが、これほど世界中で恐れられるウイルスになるとは、名付け親のハルパス博士も予想しなかったでしょう。

◆全世界に広がるTYLCV

黄化葉巻病はタバコナの発生が増えるたびにヨルダン渓谷のトマトに大きな被害を与えました。大発生をくり返すうちに、この谷を飛び出して、世界に広がっていきました。

ヨルダン渓谷以外で最初に見つかったのは、隣のエジプトでした。一九六九年のことです。その後、一九七〇年代から一九八〇年代に周辺のキプロスやヨルダンなど中近東の国々へ広がりました。爆発的に広がったのは一九九〇年代です。スペイン、ポルトガルへと地中海を横断して、さらに大西洋を渡って、遠くカリブ海沿岸、アメリカへと広がりました。東側では、ユーラシア大陸を越えて日本へと飛び火しました。一九九六年のことです。その後、東アジアでは二〇〇六年に中国の上海でも見つかっています。二〇〇六年にはオーストラリアへも飛び火して、発生していないのは南アメリカと南極大陸だけになっています（図2-3）。

現在もTYLCVは広がり続けています。一九五九年にイスラエルで見つかったTYLCVは、たった五〇年で世界中に広がり、トマトのもっとも重要な病気の一つになりました。

❸ 日本には一九九〇年代半ばに侵入

日本では、一九九六年にTYLCVが見つかりました。しかも、遠く離れた長崎県、静岡県、愛知県でほぼ同時にでした。それには、どんなわけがあるのでしょうか。

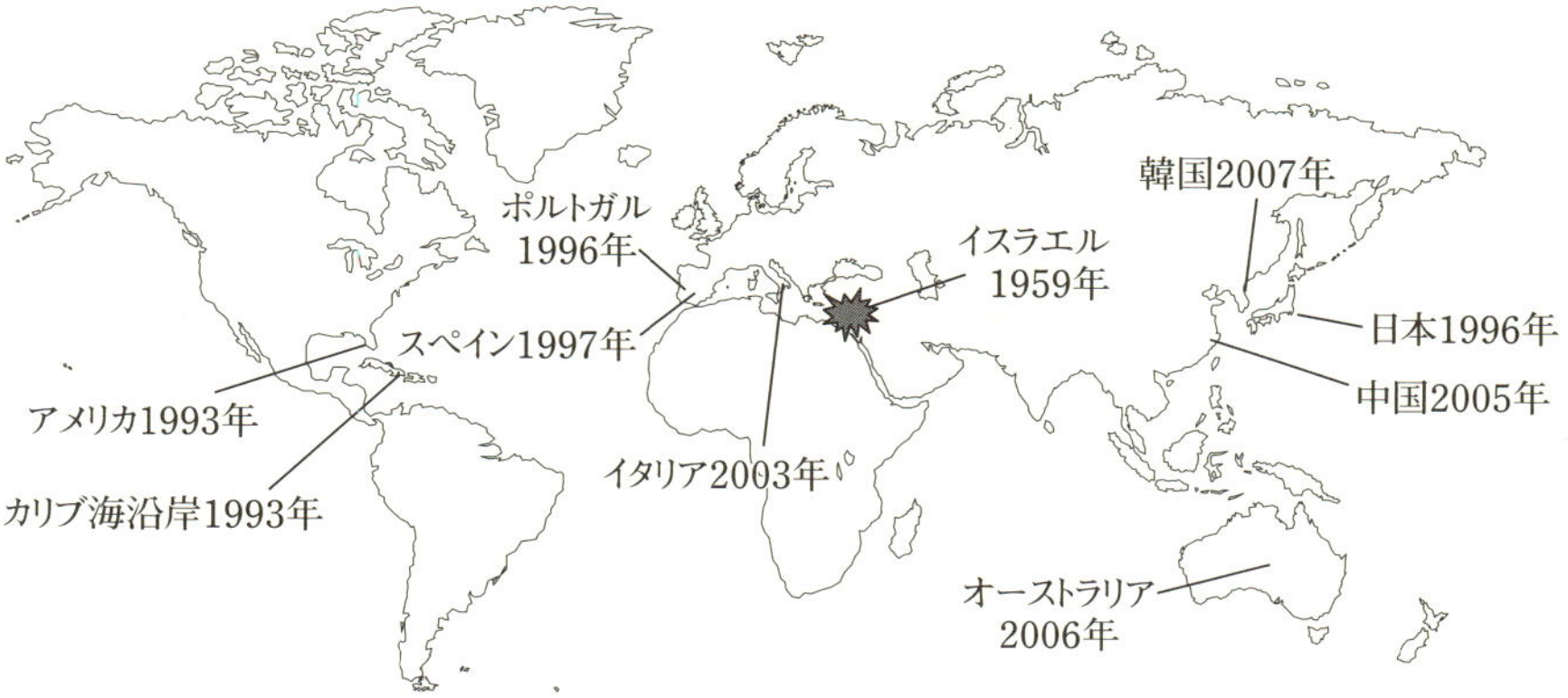

図 2-3　トマト黄化葉巻病の発生している地域と侵入年

◆苗で、虫で、侵入

TYLCVは世界中に人間の力を借りて広がっていきました。その方法の一つは「感染したトマトを人間が運ぶ」ことです。たとえば、アメリカのトマト黄化葉巻病の発生は、誤って輸入された少数の感染したトマト苗から始まりました。

もう一つは、「TYLCVを保毒したタバコナを人が運ぶ」ことによって広がる方法です。タバコナは、日本に二回以上侵入しています。一回目がシルバーリーフコナジラミ（現バイオタイプB）、二回目がQの侵入です。しかし気が付かないだけで、これ以外にも侵入していたと考えられます。その侵入したタバコナの中に保毒虫がいた可能性があります。

◆日本への侵入は少なくとも四回

タバコナと同様、TYLCVの侵入も一回ではありません。研究者は少なくとも四回あったと考えています。侵入した回数の推理には、遺伝子情報を使います。

同じTYLCVでも、出身地でDNAの塩基配列（G：グアニン、A：アデニン、T：チミン、C：シトシンの並び方）が少しずつ違います。この違いで、寄生できる植物などの性格が変わります。「塩基配列」が違う仲間をそれぞれ「系統」と呼んで区別しています。さらに「系統」の中でも、ちょっとずつ「塩基配列」が違う仲間がいます。これを「株」と呼んで区別しています。系統、さらにその下に株の違いがあるということです。

TYLCVには五つの系統があります。このうち日本には二つの系統が住んでいます。一つが「イスラエル系統」、もう一つが「マイルド系統」です。専門書ではイスラエル系統は「IL

日本にはTYLCV-ILとTYLCV-Mldの二つの系統が住んでる！
外国にはTYLCV-IRってのもあるぜ

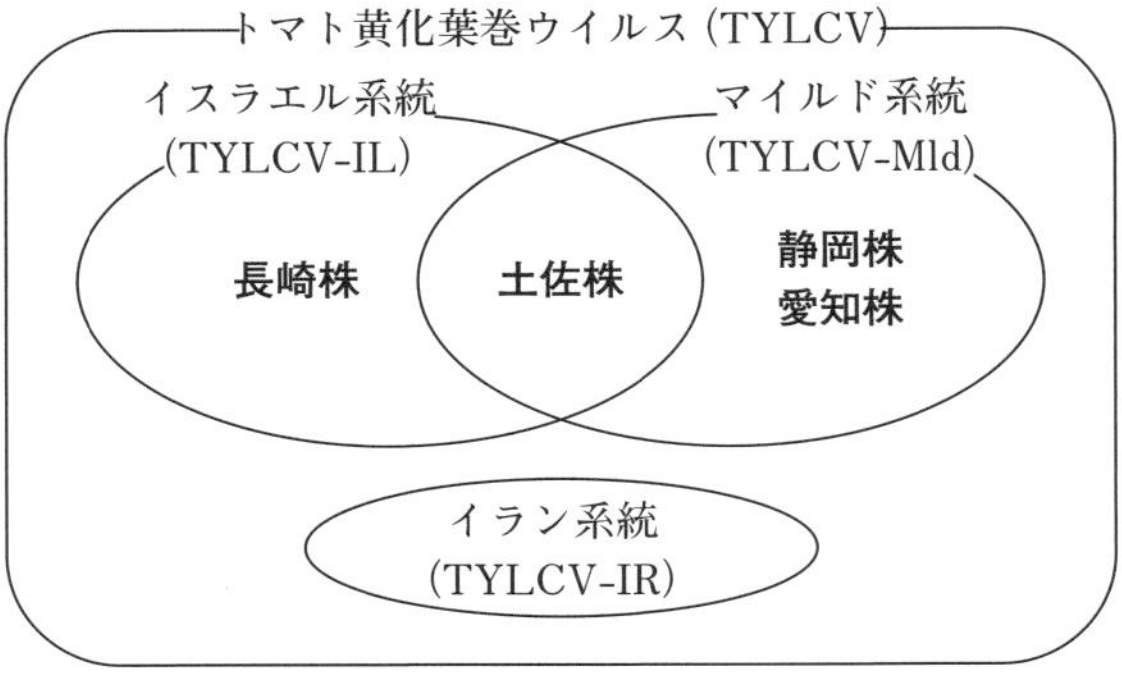

図2-4　トマト黄化葉巻ウイルスの分類　(上田，2008から)

注　外国にはイラン系統のほか，オマーン系統，ゲジラ系統がある

(昔はIsと標記していました)」、マイルド系統を「Mld」と表わします。

また日本で発生している株には「長崎株」「静岡株」「愛知株」「土佐株」の、四つがあります。長崎株はイスラエル系統、静岡株と愛知株はマイルド系統です。残りの土佐株はイスラエル系統に分類されていますが、マイルド系統の遺伝的な特徴があるため、二つの系統が交雑した株と考えられています。このような株を「リコンビナント株」と呼びます(図2-4)。

さて、日本に住む四つの株のうち、長崎株、静岡株、愛知株は一九九六年に、それぞれ長崎県、静岡県、愛知県で別々に見つかっています。これは、同じ時期に別々のルートで日本に侵入したことを示しています。さらに、塩基配列から土佐株も別のルートで侵入したことがわかっています。つまり、TYLCVは最低でも四回、短い期間に次々と侵入したことがわかるのです。

いずれにしても、TYLCVは人間の力を借りていろいろな場所に移動していきます。それは、国と国の間だけではなく、日本国内でも同じです。

◆分布拡大、現在進行形

TYLCVは最初、侵入した長崎県、愛知県、静岡県で静かに力を蓄えていました。本来の力を発揮し始めたのは、侵入から三年目の一九九九年でした。TYLCVは最初に発生した三県の周りに少しずつ広がり始めたのです。このとき、筆者が住む熊本県にも長崎株が侵入しました。その後、長崎株は九州全県へ、四国地方へ、中国地方へ、愛知株は三重県、岐阜県へと広がっていきました。二〇〇五年にはついに関東地方へ侵入し、二〇〇六年には福島県へとたどり着きました。二〇〇九年四月現在、北は福島県から南は沖縄県まで三四都府県で発生しています（図2−5）。

TYLCVが保毒虫と苗で世界中に広がっていったことを前に説明しました。日本でも同じです。人が保毒虫やTYLCVに感染した苗を遠くに運んで広げています。その証拠が関東地方の発生です。関東で発生しているTYLCVを調べると、愛知株や静岡株だけでなく、関西以西で発生している長崎株と、四国で発生している土佐株も見つかったのです。同じ年に、同じ地域ですべてのTYLCV株が同時に見つかる、ということが偶然に起こるはずはありません。TYLCVに感染したトマト苗や保毒虫が、長崎株と土佐株が発生する九州や四国、静岡株と愛知株が発生する東海地方から一斉にもち込まれた、としか考えられませんでした。

苗を業者から購入したり農家同士で融通することは、よくあることです。しかし、TYLCVが苗や保毒虫の移動で広がっていることを考えると、十分な注意が必要です。

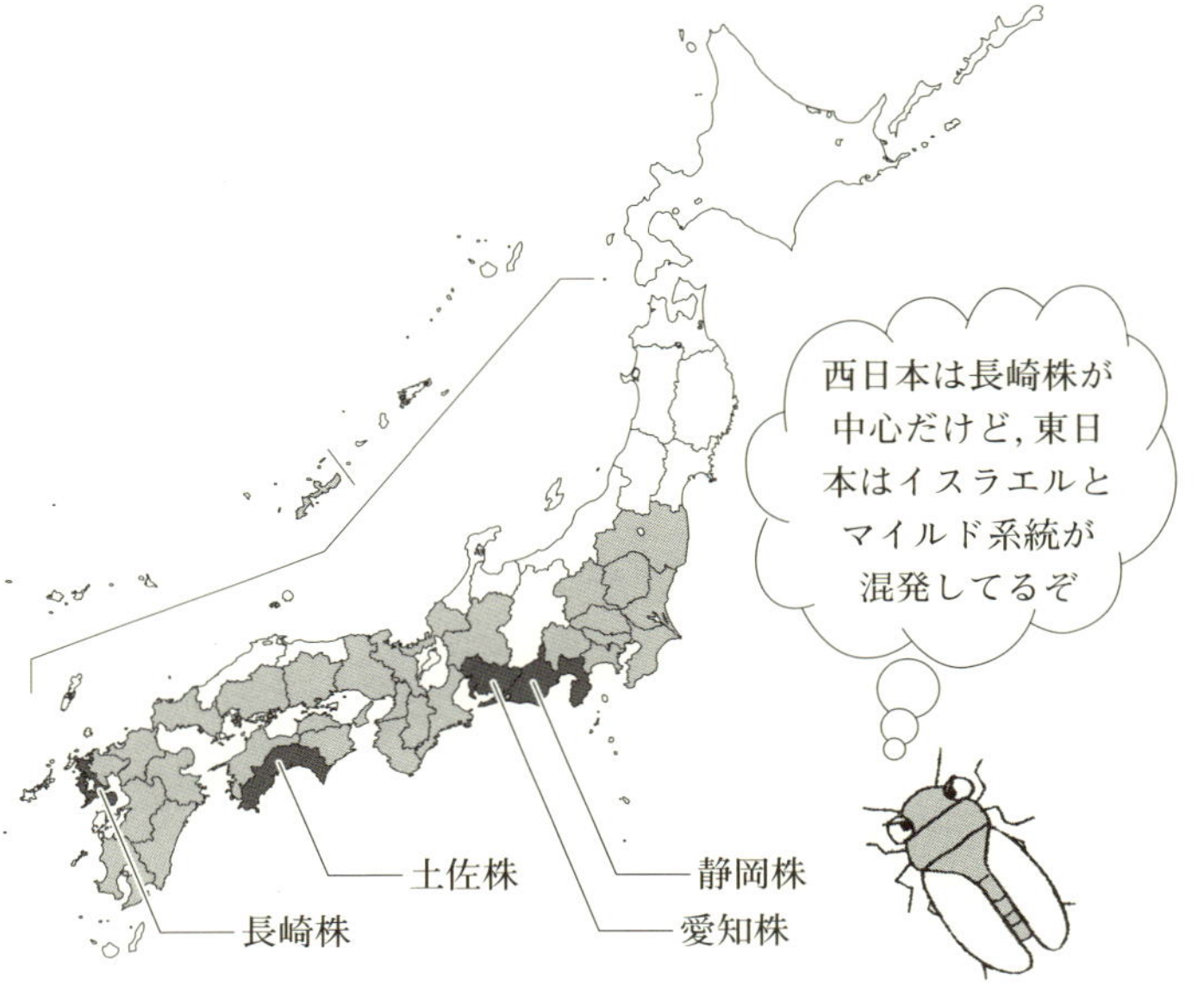
西日本は長崎株が中心だけど，東日本はイスラエルとマイルド系統が混発してるぞ
土佐株
静岡株
長崎株
愛知株
図2−5　4つの株が最初に発見された県と，2009年4月現在の発生都府県

④ タバコナは最高の相棒

TYLCVの故郷はイスラエルでした。では、トマトの故郷はどこでしょう。そうです、南アメリカのアンデス山脈周辺です。では、タバコナのバイオタイプBの故郷は？　そう、東アフリカでした。Qはスペインです。何かおかしいなと思いませんか？

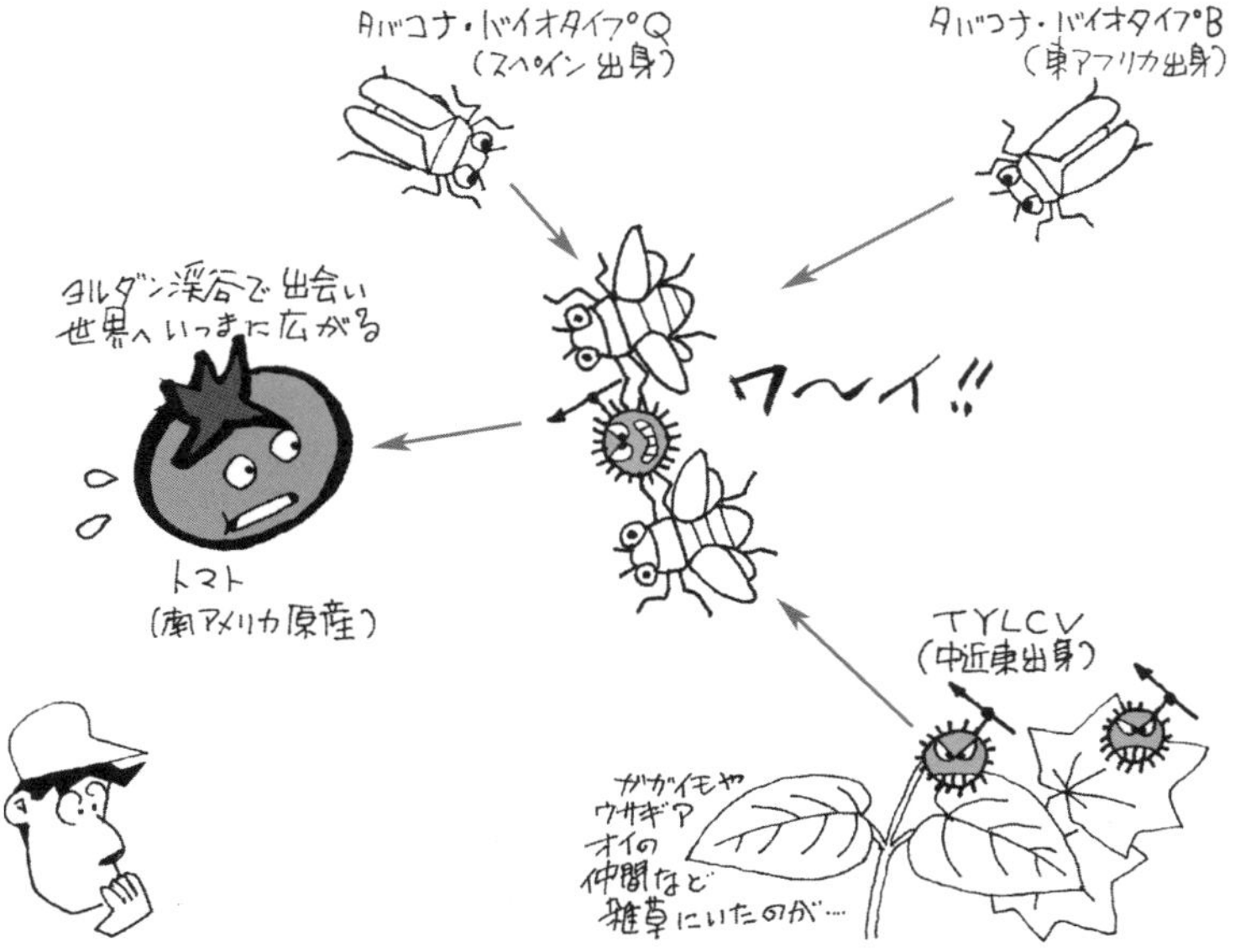

図2-6　出身地がそれぞれ違う連中が集まって黄化葉巻病は発生した

◆もとはただの雑草の病気

そうです。TYLCVの故郷イスラエルに、もともとトマトはなかったのです。つまり、トマトがイスラエルに来る以前、TYLCVはトマト以外の植物を住み家にしていた、ということです。調査では、ヨルダン渓谷に自生するガガイモの仲間やウサギアオイなどの雑草からTYLCVが見つかっています。おそらく、このような雑草を住み家にして細々と生きながらえてきたと考えられます。そんな目立たないウイルスが、トマトという新しい住み家と出会ったことで、その悪魔のような才能を開花させたわけです。

タバコナも同じです。もともとイスラエルには、土着のバイオタイプがいたと考えられます。そこへ、東北アフリカが故郷のバイオタイプBが侵入しました。いつ頃かはハッキリしませんが、タバコナの被害が大きくなった時期やスクワッシュ（カボチャの仲間）の白化症が発見された時期から、一九三〇〜一九五〇年代だと想像されます。Bは好き嫌いが少ない虫で、いろいろな農作物を餌にして大発生します。トマトも好きな餌の一つです。そんな、バイオタイプBとTYLCVとが手を組んだからたまりません。一挙にトマトで黄化葉巻病が大発生するようになり、ヨルダン渓谷から世界の表舞台へ、手に手をとって飛び出していくことになりました（図2−6）。

◆Qとの出会いで最強タッグを結成

ふたたび、めぐり会ったチャンス。それがバイオタイプQとの出会いです。TYLCVが世界に広がるのを追いかけるように、Qも世界に広がっていきました。Bは農薬が効きにくい虫として世界的に有名です。しかし、それ以上に農薬の効かないのがQです。このQとタッグを組むことで、TYLCVはさらなるパワーを手に入れました。

日本でも、TYLCVが侵入した当時はBが相棒でした。Bには効果の高い農薬があり、それなりに防除することができました。しかし、Qが二〇〇四年に侵入すると、使える農薬がグッと少なくなり、状況が極端に悪化しました。第Ⅲ章で詳しく説明しますが、この最強タッグ「TYLCV&Q」が発生している地域の防除対策は、かなり厄介です。

◆パワーアップするTYLCV

相棒だけでなく、TYLCV自身もパワーアップします。ウイルスは植物の細胞の中で増えます。複数のウイルスが感染した植物では、同じ細胞の中で同時に増えることになります。小さな細胞の中にウイルスがすし詰めになっている状態を想像してください。違った種類のウイルス間では遺伝子の取り違えは起こりませんが、とてもよく似たウイルス、たとえばイスラエル系統とマイルド系統の間では、取り違えが起きることがあります。この取り違いで発生する系統は「リコンビナント株」と呼ばれ、前に述べた土佐株のほかに海外から数例報告されています。

リコンビナント株は両親の遺伝子をもつため、組み合わせによっては親よりも優秀になる、つまりトマトにとって凶暴なウイルスになる可能性があります。これまで、長崎株は西日本、愛知株と静岡株は東海地方と住み分けていました。しかし、ここ数年で混住化が進み、関東地方を中心に二つの系統が同時に発生している場所が増えています。土佐株以外のさらにパワーアップしたリコンビナント株が生まれても不思議ではない状況です。

タバコナ最強のバイオタイプQにパワーアップした新系統TYLCVがタッグを組むと……、考えただけで寒気がします。

2 黄化葉巻病の伝染源はトマト

① トマトからトマトへ

防除の基本は、病気の伝染源を叩くことです。イスラエルでは、ガガイモの一種がもともとの寄主で、しかも伝染源だと考えられています。では、日本のTYLCVの伝染源はどこでしょうか。

◆TYLCVの感染植物は

トマト黄化葉巻病について書かれた雑誌や新聞を読むと、TYLCVがいろいろな植物に寄生すると書かれています。たとえばマイルド系の静岡株は、トマトのほかにタバコの仲間やチョウセンアサガオ、ヒャクニチソウに感染します。また、イスラエル系の長崎株は、トマトのほかにトルコギキョウ、タバコの仲間、チョウセンアサガオ、ピーマン、インゲン、ジャガイモなどに感染します。さらに、ノゲシ、タカサブロウ、ノボロギク、ホソバツルノゲイトウ、センナリホウズキ、エノキグサ、ウシハコベ、ハコベ、ベニバナボロギクなどの雑草にも感染します（表2‒2）。

しかしここで注意してほしいのは、感染するのと伝染源になるのとは、まったく別のことだということです。研究者が感染植物かどうか調べる方法は二つです。一つは、発生地域で採集した植物が感染しているかどうか調べる方法。もう一つは、実験室の中でむりやり保毒虫を寄生させて感染するかどうかを調べる方法です。問題は、むりやり感染させた植物も、感染植物に入る、ということです。

ある種類の植物が伝染源となるためには、発生地域の自然な状態で高い割合で感染する必要があります。さらに、珍しい植物ではなく、ふつうに見られる植物である必要もあります。これらの条件を満たして、初めて伝染源になる植物といえます。

では、実際はどうでしょうか。

◆雑草は伝染源になりにくい

自然な状態で感染が確認された植物（＝自然感染植物）は、ぐっと少なくなります。マイルド系では、トマトだけです。イスラエル系では多くなりますが、それでもトマト、トルコギキョ

表2-2　トマト黄化葉巻ウイルスが感染する植物

TYLCVの系統	野外での感染	発病	植物の種類
イスラエル系統 長崎株	あり	あり	トマト(ミニトマトを含む)，トルコギキョウ
		なし	ノゲシ，タカサブロウ，ノボロギク，ホソバツルノゲイトウ，センナリホウズキ，エノキグサ，ハコベ，ウシハコベ
	なし	あり	チョウセンアサガオ，*Nicotiana benthamiana*（タバコの仲間），ペチュニア，インゲンマメ
		なし	ジャガイモ，ベニバナボロギク
マイルド系統 静岡株	あり	あり	トマト(ミニトマトを含む)
		なし	なし
	なし	あり	シロバナチョウセンアサガオ，タバコ，*Nicotiana glutinosa*（タバコの仲間），ヒャクニチソウ
		なし	なし

イスラエル系統については内川ら（2005），行徳ら（2008），マイルド系統については加藤(1999)から引用

ウ、ノゲシ、タカサブロウ、ノボロギク、ホソバツルノゲイトウ、センナリホウズキ、エノキグサ、ウシハコベの九種類です。これ以外の植物は、自然感染する可能性が低い植物といえます。

また、感染が確認されていますが、七種類の雑草も伝染源になるのか疑問です。理由は二つあります。一つは、TYLCVに感染した雑草が見つかった場所が、トマト黄化葉巻病が多発生したハウスの中か周辺に限られる、ということです。しかも、感染している割合は低く一〇%前後です。大量の保毒虫がいるハウスの中や周りは、実験室の中でむりやり接種するのと近い条件なので、これらの植物は自然感染しにくいといえそうです（表2-3）。

もう一つはその量です。伝染源になるには、広い面積に生えている植物である必要があります。ウシハコベはこ

表2-3　野良トマトとハウス内外に生える雑草の感染率

植物の種類	感染率(%)
野良トマト*	60.5
ノゲシ	24.0
タカサブロウ	10.0
ホソバツルノゲイトウ	9.5
センナリホウズキ	8.3
ウシハコベ	8.7
エノキグサ	2.1

*：放置されて自然に育ったトマトのこと
なお，ノホロギクは検定数少なく，割愛

の条件に合いますが、そのほかは点々と生えていることが多い雑草です。感染している割合から考えても、重要な伝染源になるとは思えません。つまり、感染することがわかった七種類の雑草は、伝染源になりにくい植物といえます。

◆伝染源のほとんどはトマト

一つ一つ可能性を確かめていくと、TYLCVの伝染源として最後に残るのはトマトとトルコギキョウです。トマトは、トマト産地でもっとも多く存在している自然感染植物です。しかも、TYLCVとの相性がよく、ちょっと油断すると感染率が一〇〇%になります。つまり、質（感染率）、量（栽培面積）ともにトマト産地最大の感染植物、つまり伝染源です。イスラエル系統が発生している地域ではトルコギキョウも自然状態で感染し、伝染源となります。しかし、タバコナがあまり寄生しないことや、栽培面積が狭いことから、伝染源としての重要性はトマトにくらべて低いと考えています。

トルコギキョウに感染しないマイルド系統ではTYLCVの伝染源の九九%以上はトマトです。イスラエル系統の伝染源も九九%以上がトマトとトルコギキョウです。トマトとトルコギキョウの栽培面積で比率は変わりますが、そのうちの九割以上はトマトと考えてよいでしょう（写真2–3）。

写真2–3　野良トマトの感染率は高い

◆トマトからトマトへ感染がつながる

くり返しますが、TYLCVはほとんどが「トマトからトマト」へ感染します。つまり、トマトほ場で増えたTYLCVはタバコナを車替わりに使って別のトマトほ場に、そこからまた別のトマトほ場へ……と広がり、また最初のトマトほ場に戻ってくる道筋をぐるぐるとたどりながら、一年を過ごします。この道筋は、「伝染環」と呼ばれます。TYLCVの伝染環は単純なので、対策の考え方も単純です。道筋の

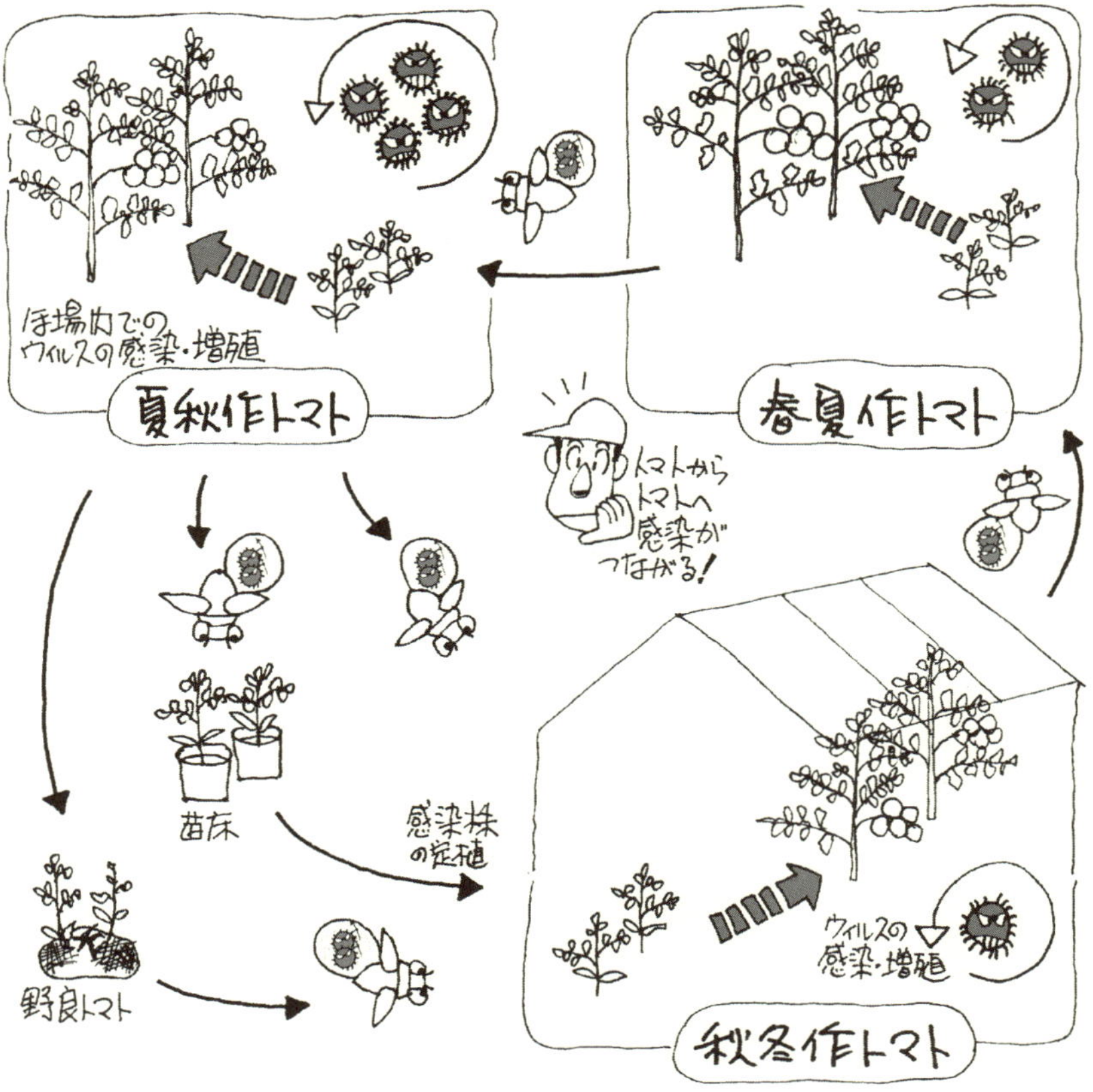

図2−7　トマトからトマトへ感染はつながる！
トマト黄化葉巻ウイルスの産地内の伝染環

どこかを通行止めや通行制限してタバコナに乗ったTYLCVの量を少なくすればよいのです。

伝染環でもう一つ重要なのは、それが環になっているということ。TYLCVは、一回りして必ず最初のトマトほ場に戻ってきます（図2−7）。自分のところで上手に防ぐことができれば、周辺のトマトほ場での発生を減らすだけでなく、最後には自分のトマトほ場の発生も少なくすることができるということです。

❷ 薬は効かず、被害が出たら止められない

うどんこ病や灰色カビ病などカビが原因の病気は、農薬を使って被害の拡大を防ぐことができます。しかし、TYLCVそのものに効く農薬はありません。農薬で被害を食い止めることは

できないのです。

◆弱毒ウイルスは使えない

あちらのほうから、「弱毒ウイルスはないのか」という声が聞こえました。かなりウイルス病に詳しい人のようです。確かに、ウイルス病の感染を防ぐ農薬に弱毒ウイルスがあります。日本では、タバコモザイクウイルスやキュウリモザイクウイルス、ズッキーニモザイクウイルスなどで開発されています。

弱毒ウイルスとは、病気を起こす力が弱いウイルス系統のことです。このウイルスを植物に感染させて、病気を激しく起こすウイルス（こちらは強毒ウイルスと呼びます）の感染を防ぎます。これを干渉効果といいます。簡単にいうと、人間のワクチンのようなものです（厳密にいうと違いますが）。しかし、困ったことにウイルスの中には干渉効果がないウイルスがあります。その一つがTYLCVです。つまり、TYLCVで弱毒株は使えない、ということです。

◆イスラエル系統とマイルド系統、どちらも強毒株

前に述べたように日本には、イスラエル系統とマイルド系統が住んでいます。一時期、イスラエル系統はマイルド系統に対して「強毒系統」と呼ばれたことがありました。マイルド系統という名前が誤解を招いたようですが、間違いです。イスラエル系統とマイルド系統はトマトに対してどちらも同じ激しい症状を引き起こします。強いていえば、両方とも「強毒系統」です。

◆若い株ほど早く発病

ウイルスが植物に感染して症状が出るまでを「潜伏期間」と呼びます。潜伏期間はさまざまな条件で変化します。影響が大きいのは、温度と生育ステージです。たとえば、育苗期に感染したTYLCVの潜伏期間は、二五℃で二～三週間です。

温度が高いとTYLCVの増殖が盛んになるため、これより早く発病します。逆に温度が低い冬場のハウスでは一～二ヵ月必要で、なかには晩秋に感染して翌春まで症状が出ない場合もあります。また、植物が若いほど潜伏期間は短く、株が大きく成長するにしたがい長くなっていきます（図2-8）。

◆被害も若い株ほど大きい

感染時期と被害の関係を実験で確かめてみました。その結果、育苗期に感染すると一段果房が開花する時期から症状が現れ、二段果房から収量が減少し、三段果房には実が着きません。定植時に感染すると、一～二段果房は

正常に花が咲き収穫もできますが、三段果房から収量が減少して、四段果房以降の収穫はなくなります。つまり、収量は感染時に咲いている果房の二つ上の果房（一段果房では三段果房、二段果房では四段果房）から減少して、三つ上の果房からゼロになる、ということです。感染時期が早いほど収穫できる果房が減るので、被害を少なくするためには、「育苗期から生育初期」の感染を上手に防ぐことが大切です（図2−9）。

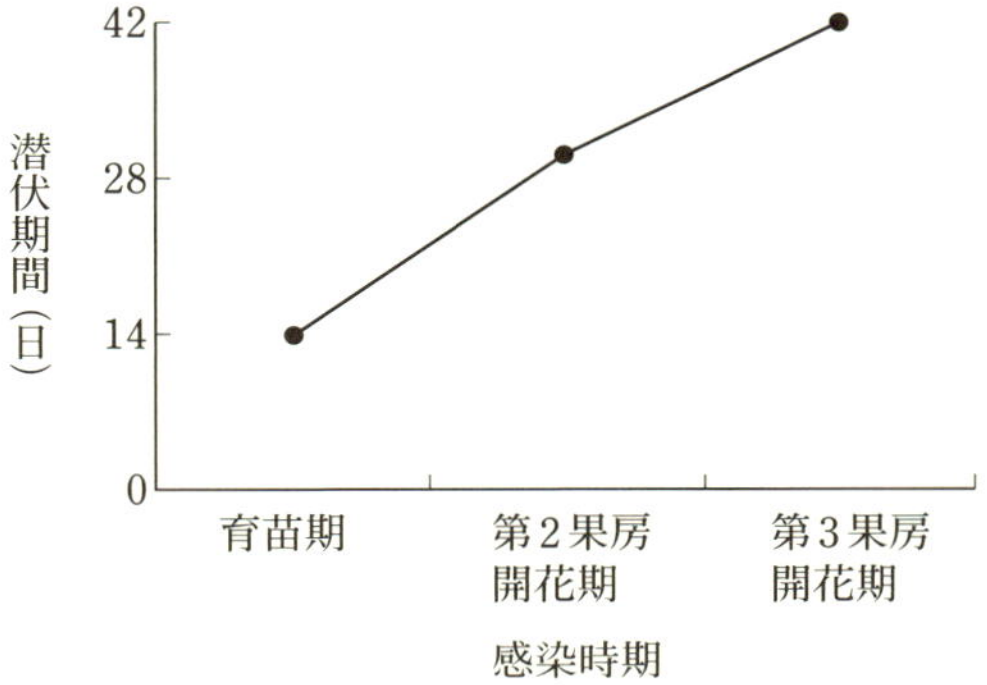

図2−8　感染時期が違うと発病までの期間が変わる

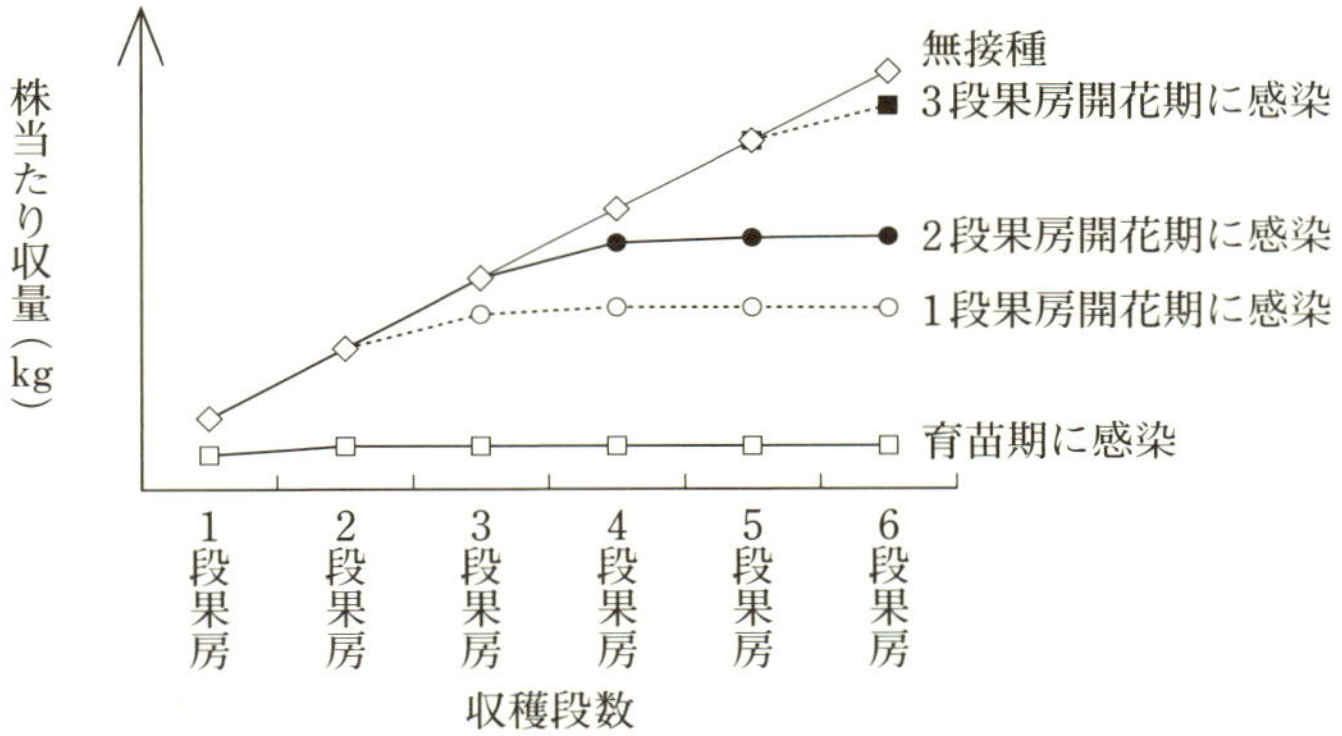

図2−9　感染時期が収量に与える影響の模式図

◆産地全体がつぶれる!?

TYLCVはトマトからトマトに広がります。最初のほ場で増えたTYLCVが次のハウスでまた増えて、ということをくり返していくと、目には見えませんが産地全体がTYLCVで覆い尽くされてしまいます。

熊本県でも、最初のうちは発病株が少なく、軽く考えていました。しかし、その被害は年々激しくなり、最後には一〇〇％の株が発病して栽培を放棄するほ場や苗に感染して定植を断念する農家も出るようになりました。

一度、増えた病気を少なくするには大きな犠牲と長い年月が必要です。黄化葉巻病の先進県(!?)だった熊本県では、収量を犠牲にしてTYLCVの伝染環を止め、五年以上をかけて徐々に被害を少なくしました。あなたの産地で、このようなことが起こらないように、発生が少ないときに適切な対策を取ってください。トマトのほ場が果実の赤色ではなく、黄化葉巻病の黄色に染まっていくのは、恐怖以外の何ものでもありません。

3 もう一つのウイルス病
――メロン、キュウリの黄化症

二〇〇四年の秋、九州地域のメロンやキュウリで葉が黄色くなる原因不明の障害が発生しました。最初、生理障害や高温障害などが疑われましたが、二〇〇八年二月にタバコナがうつすウイルス病だということが突き止められました。

❶ 新たなウイルス病の発生

新しく見つかった病気には「退緑黄化病」、ウイルスには「ウリ類退緑黄化ウイルス *Cucurbit chlorotic yellows virus* 略して CCYV）」という名前が付けられました。TYLCVはジェミニウイルスの仲間ですが、CCYVはクリニウイルスの仲間です。世界中のクリニウイルスを調べてみても同じものはなく、新種のウイルスとわかりました。迷惑このうえない「世界初」でした。

◆CCYVとは

ジェミニウイルスは双子のウイルスという意味ですが、クリニウイルスのクリニは「ひも」という意味です。ウイルスが糸に似た細長いくねくねと曲がった形をしていることから付けられました。

クリニウイルスはジェミニウイルスと並んで、コナジラミの仲間がうつす代表的なウイルスです。海外では、メロンやキュウリなどのウリ科作物やレタス、ビート（サトウダイコン）の病気を起こすウイルスとして知られています。

ジェミニウイルスは世界中に数え切れないくらい仲間がいる大きなグループなのに対し、クリニウイルスは八種類しかいない、こぢんまりとしたグループです。これに今回見つかった退緑黄化ウイルスが加わりました（写真2−4）。

これまで日本には、キュウリ黄化ウイルスとトマト黄化ウイルスという二種類のクリニウイルスが住んでいました。両方とも、オンコナが媒介するウイルスです。キュウリ黄化ウイルスのほうはキュウリとメロンに黄化病を起こします。日本で見つかった一九八〇年代に関東周辺で大きな問題となりましたが、現在は関東や四国の一部で発生する、どちらかといえばマイナーな病気になっています。トマト黄化ウイルスは二〇〇一年に群馬県と栃木県で見つかったウイルスです。その後、発生の拡大はなく、こちらも全国的にはマイナーなウイルス病です。

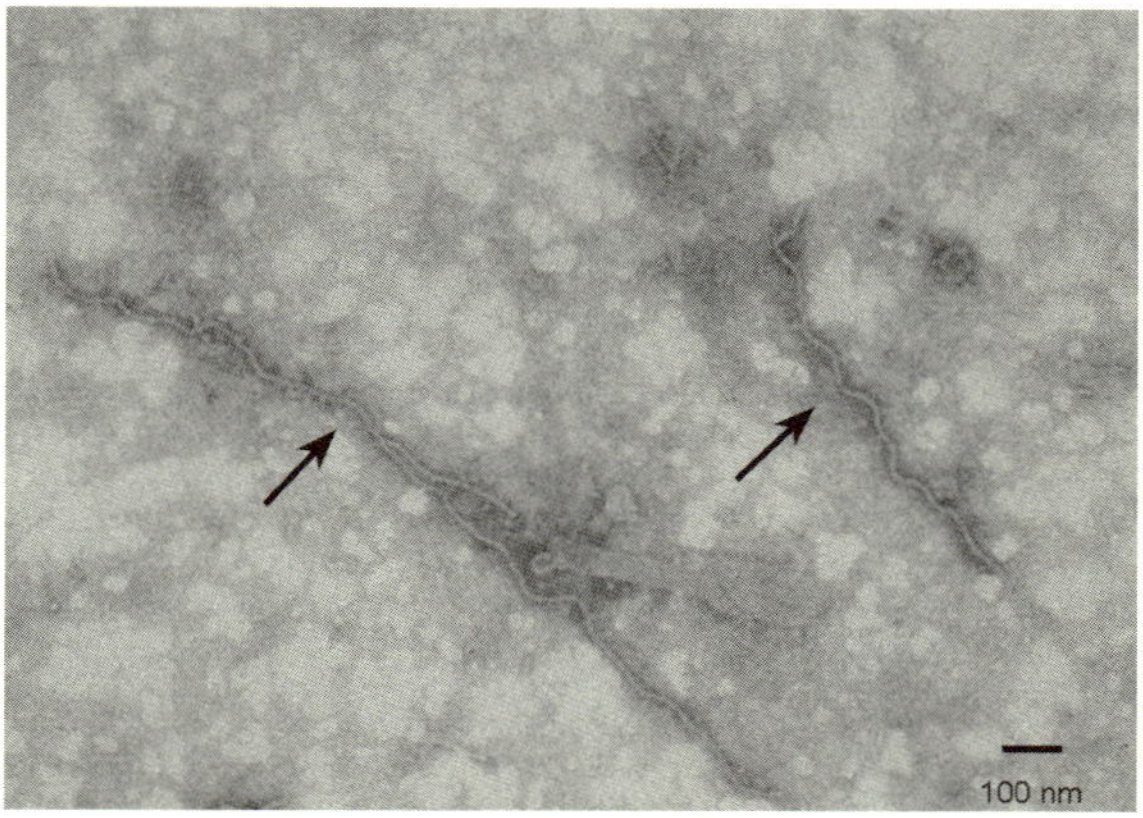

写真2-4　電子顕微鏡で見た退緑黄化ウイルス

（奥田原図）

◆ただし永続的伝搬はしない

TYLCVは永続的伝搬ウイルスで、保毒虫は死ぬまでTYLCVを媒介できます。一方、クリニウイルスは、非永続的伝搬ウイルスです。非永続的伝搬は、感染植物を吸汁したコナジラミがウイルスを媒介する能力を獲得したあと、その能力が徐々に失われる性質のことです。媒介できる期間はクリニウイルスの種類で違いますが、一〜二週間前後がふつうです。CCYVの媒介期間については、現在調査中ですが、同じくらいだと考えています。またこのウイルスをうつすのは、コナジラミだけで、接触伝染や種子伝染、土壌伝染はしません（次ページ図2-10）。

◆退緑黄化病もTYLCVのあとを追って拡大中

退緑黄化病は、熊本県と佐賀県、宮崎県の三県で、ほぼ同時期に発生しました。二〇〇四年秋のことです。その後、二〇〇七年には九州全県で、翌二〇〇八年には関東、四国へと飛び火して、全国的なウイルス病になりつつあります。今後も、タバコナが住んでいる地域へと広がっていくことは間違いありません。ウリ科野菜を栽培している地域では、厳重な警戒が必要です。

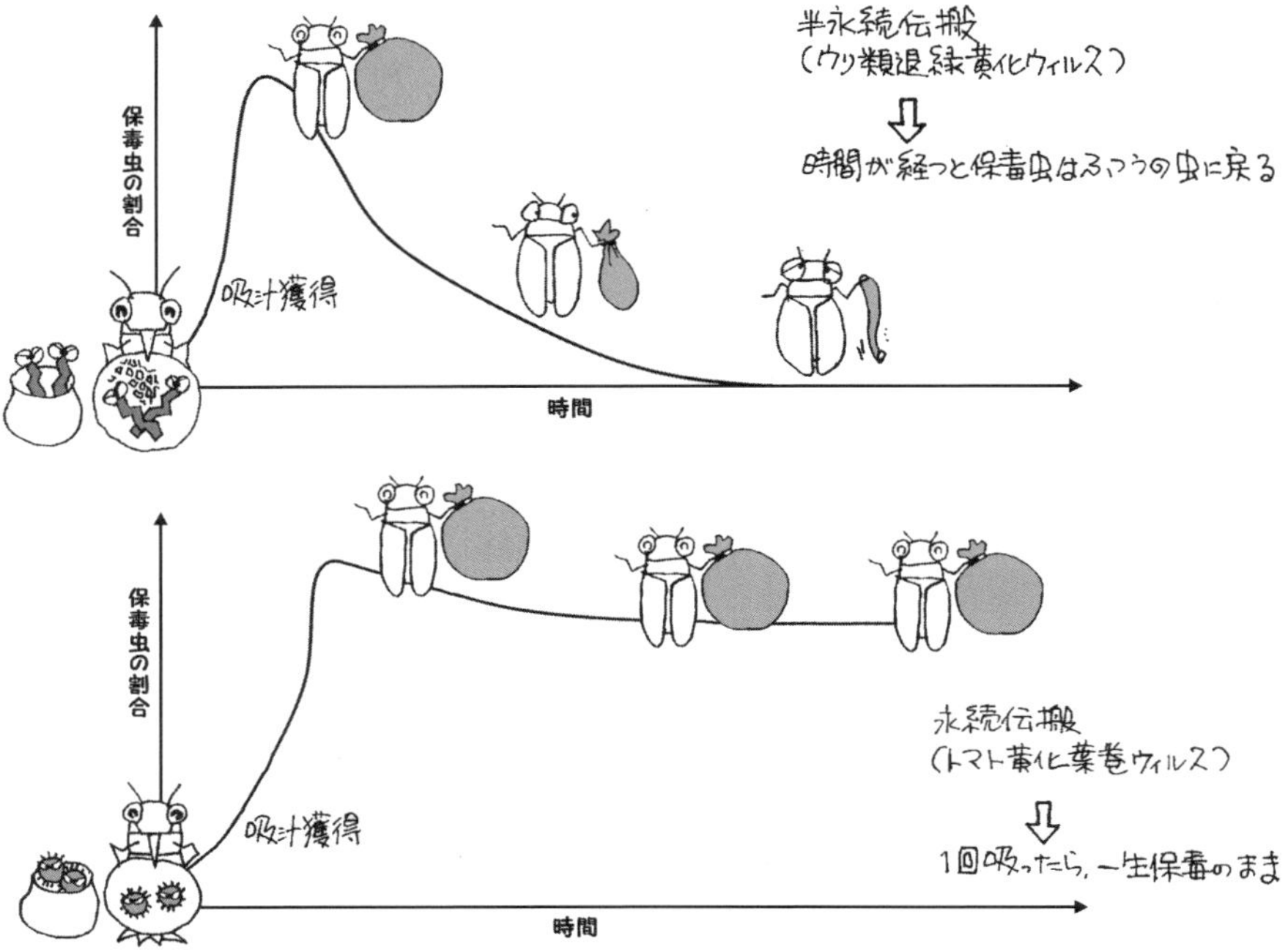

図2-10　半永続伝搬と永続伝搬

◆メロン、キュウリ、スイカで要注意

退緑黄化病が感染する植物は調査中ですが、これまでにメロン、キュウリ、スイカに感染することがわかっています。その被害は、葉を黄化させることだけではありません。メロンでは、果実の糖度が二〜三度低くなります。黄化が激しいと一〇度以下になって、キュウリのような味のメロンになってしまいます。「甘さが勝負」のメロンでは致命的な被害です。また、果実の大きさも一回り以上小さくなるので、見栄えまで悪くなります。

キュウリでは、子づる、孫づるの伸びが悪くなって、果実が着きにくくなります。形や大きさには影響しませんが、収量が少なくなるので大きなダメージとなります。

被害の大きさは、発病時期で違いが見られます。発病時期=感染時期が早

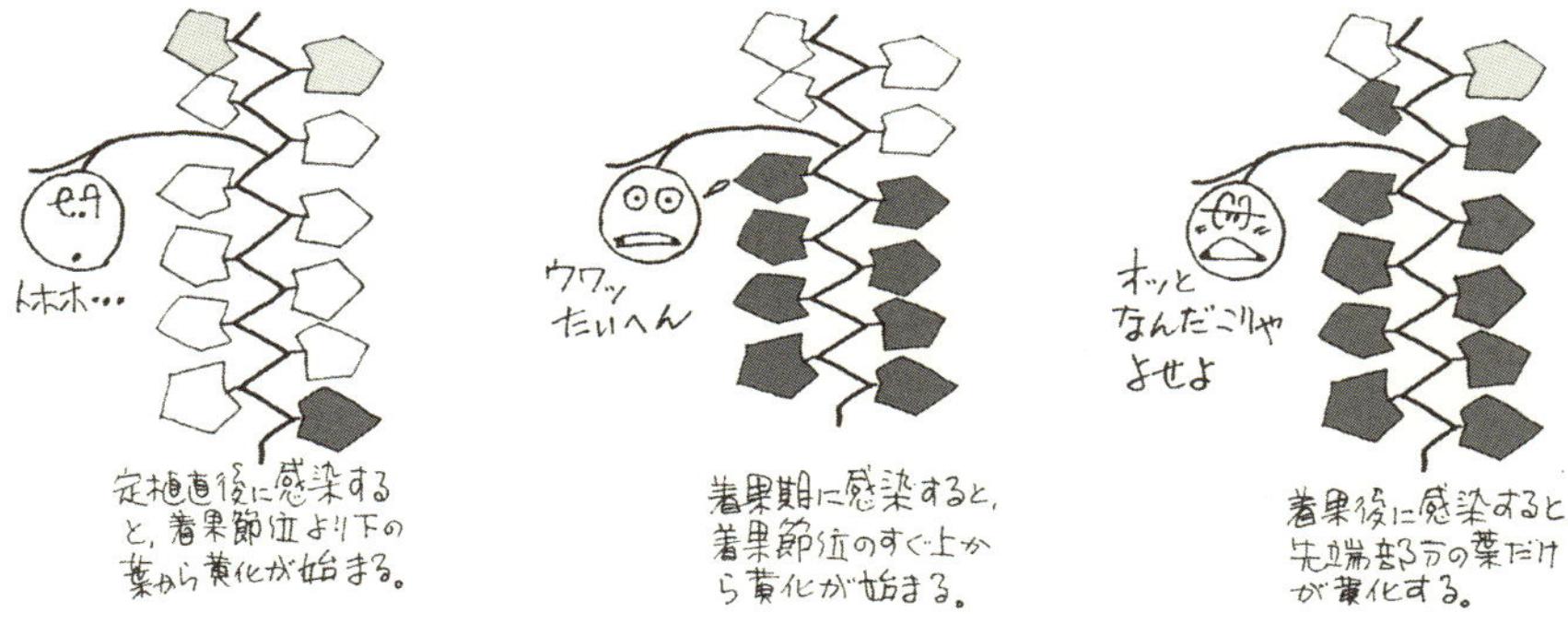
トホホ…
ウワッ
たいへん
オッと
なんだこりゃ
よせよ
定植直後に感染すると，着果節位より下の葉から黄化が始まる。
着果期に感染すると，着果節位のすぐ上から黄化が始まる。
着果後に感染すると，先端部分の葉だけが黄化する。

図2‐11　感染時期が早いと黄化する葉が多くなる（メロンの場合）

いほど被害が大きいので、育苗期から生育初期の感染防止対策が重要となります（図2‐11）。

❷ 退緑黄化病を見分ける

葉が黄色くなる原因には生理障害や土壌病害による草勢の低下などもあります。また、ほかのウイルスによる黄化も見られます。これらの黄化とウリ類退緑黄化病を見分けるにはどうしたらよいでしょうか。

◆症状から見分ける方法

名は体を表わす、の格言どおり、退緑黄化病に感染すると、葉の色は緑か

写真2‐5　退緑黄化病の症状
①退緑小斑点型（初期症状）
②症状が進むと，このようになる

写真2‒6　葉が下側に巻いたキュウリの被害葉

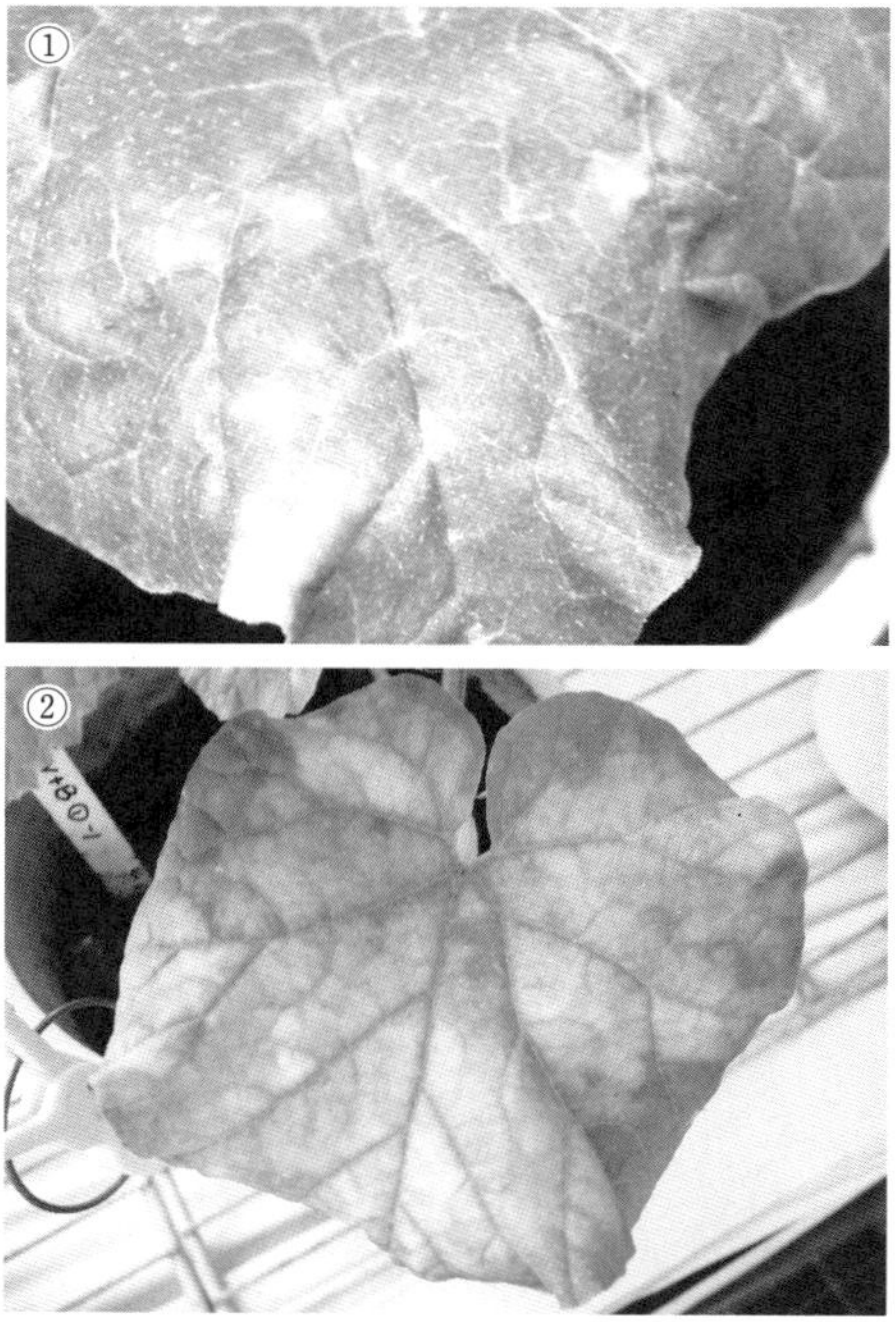

写真2‒7　退緑小斑点と違う黄斑型の症状
①初期症状，②症状が進んだ状態

ら徐々に黄色くなっていきます。その過程は以下のとおりです。

最初、葉に「退緑小斑点」と呼ばれる色が少し周囲より薄い小さな点々が出ます（写真２‒５①）。退緑小斑点が増えて、葉の全体に広がりながら、お互いにくっ付いて大きな斑点をつくります。集まってできた斑点は最初薄い緑ですが、徐々に黄色くなっていきます。斑点はお互いにくっ付いてさらに大きな斑点になり、最後には葉全体が黄色くなります。ただし、葉脈の両脇や葉の真ん中に緑の部分が、塗り残しのように残る場合がよくあります（同②）。キュウリでは、これからさらに進んで、葉の縁が下側に巻く症状が現われます（写真２‒６）。さらに、全体が黄色くなった葉は、ふつうより硬くて、手触りがバリバリ、ザラザラとした感触になるのも特徴の一つです。

退緑黄化病の症状には、退緑小斑点と違う、黄斑型症状というのもあります（写真２‒７）。こちらは、主に下葉に見られる症状で、上に広がることはありません。最初、薄ぼんやりとした黄色の小さな斑点から始まります（同①）。その後、斑点が大きくなって、

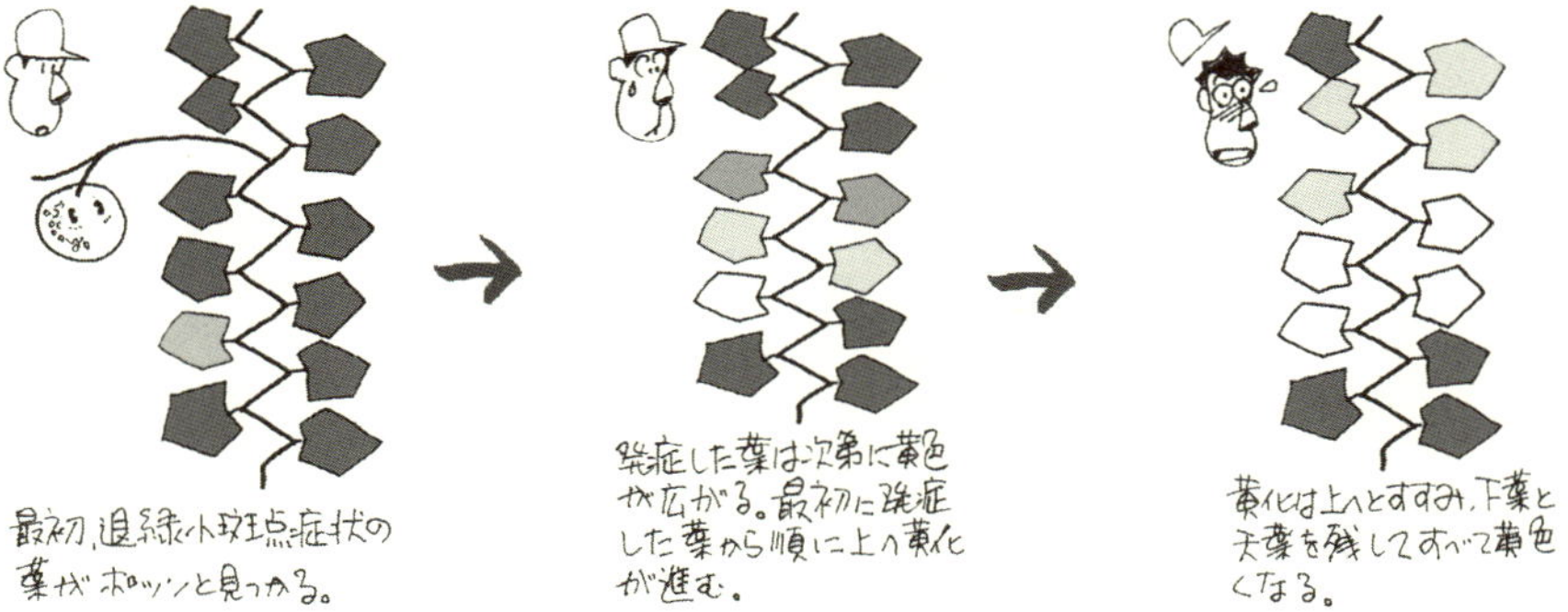
最初、退緑小斑点症状の葉がポツンと見つかる。
発症した葉は次第に黄色が広がる。最初に発症した葉から順に上へ黄化が進む。
黄化は上へとすすみ、下葉と天葉を残してすべて黄色くなる。

図2–12　退緑黄化病は初めて発病した部分から上位へ症状が進む

黄色のペンキを塗ったようなベタッとした斑点になります。最初のころは、単刀直入に「ベタ斑」などと呼んでいました（同②）。

◆下葉から上葉に広がる症状

退緑小斑点による黄化症状は、下葉から上の葉に広がっていきます。発病した株を見ると、下の葉が真っ黄色で、上にいくほど程度が軽くなり、生長点に近い葉は正常、といった感じになります。

ここで、見分けるポイント。黄化症状は株の上位にしか進みません。つまり、途中から発病した場合、最初に症状が見られた葉から下の葉は緑色のままです。摘心するメロンは下が緑で上が黄色のツートンカラー、摘心しないキュウリは、下と先端が緑で真ん中が黄色いトリコロールカラーの株になります（図2–12）。

◆黄化病はオンコナ、退緑黄化病はタバコナ——確認は指導機関で

ここに書いた症状が見えたら、まず退緑黄化病を疑ってください。ただし、メロンやキュウリ黄化病が発生している地域、関東や四国では注意が必要です。黄化病と退緑黄化病の症状は肉眼で見分けがつかないからです。黄化病も退緑黄化病もクリニウイルスで発生する病気です。双子の病気といってもよいでしょう。けれども、パートナーは違います。黄化病はオンコナ、退緑黄化病はタバコナです。畑で発生しているコナジラミの種類で見分ける方法もあります。しかし、新しい病気なので、最初に見つかったときは、専門の機関、試験場や病害虫防除所、普及所などに見分けてもらうことをお勧めします。

❸ 次はどんなウイルスが……

国と国の間で農産物が大量に移動する時代に入っています。TYLCVは外国から最低でも四回侵入しています。この一〇年間でTYLCV以外にもキク茎えそウイルス、プラムポックスウイルスなど複数のウイルスが侵入しています。いつ、どこから、どんなウイルスが侵入してくるか予想できない時代になっているのです。

TYLCVやCCYVのような病気は、海外にごろごろしています。ヨーロッパやアメリカではTYLCVの仲間のサルジニアウイルスやCCYVの仲間のククルビットイエロースタントディスオーダーウイルスが着々と勢力を拡大しています。隣の台湾でも土着の黄化葉巻ウイルスが増え、日本への侵入機会を虎視眈々（こしたんたん）と狙っているのです。

疑わしい症状を見つけたら最寄りの専門機関に連絡してください。

第Ⅲ章

タバココナジラミを叩く、ウイルスを防ぐ

1

合い言葉は、入れない、増やさない、出さない

タバコナは「侵入する」→「増殖する」→「外へ広がる」→「周囲の圃場へ侵入する」をくり返しながら地域の中で増殖します。

TYLCVやCCYVウイルス病も同じで、保毒虫が「侵入する」→「増殖する」→「外へ広がる」→「周囲のほ場へ侵入する」をくり返しながら増えていきます。タバコナとウイルス病の防除対策は、このくり返し（生活環と伝染環）を断ち切ることです（図3−1）。

生活環や伝染環を断ち切る方法が、侵入を防ぐ「入れない」、増殖や感染させない「増やさない」、外へ広げない「出さない」の三つです。この三つの対策を組み合わせて、自分のほ場だけではなく、地域のタバコナの発生とトマト黄化葉巻病、ウリ類退緑黄化病の発生を防ぎます。

利用する対策や組み合わせは、作物の種類や季節で変わります。「自分のほ場にあった対策を選ぶ」ことが大切です。

❶ 対策はまずウイルス被害の確認から

タバコナはTYLCVとCCYVの力を借りて超一流の難防除害虫になりました。タバコナ自身は二流の害虫で、バイオタイプQでも一流半程度の害虫です。当然、超一流の「タバコナ＋ウイルス」対策と一流半の「タバコナ」対策はまったく異なります。

まず、栽培する作物がウイルスに感染するかどうか確認してください。次に、地域でウイルスが発生しているか確認します。両方とも○なら「タバコナ＋ウイルス」対策が必要、それ以外（○×、×○、××）なら「タバコナ」対策を選択します。その場合は、本章の3を参考にしてください。

◆タバコナ被害は「増やさない」で防ぐ

タバコナだけで起こる被害は、すす病と異常症です。ウイルス病は保毒虫が一頭いれば発生しますが、すす病と異常症はタバコナが一葉当たり数十頭に増えないと発生しません。防除水準は、「一葉当たり数十頭より低く抑える」程度となります。この程度なら、タバコナの数を調査しながら（＝タバ

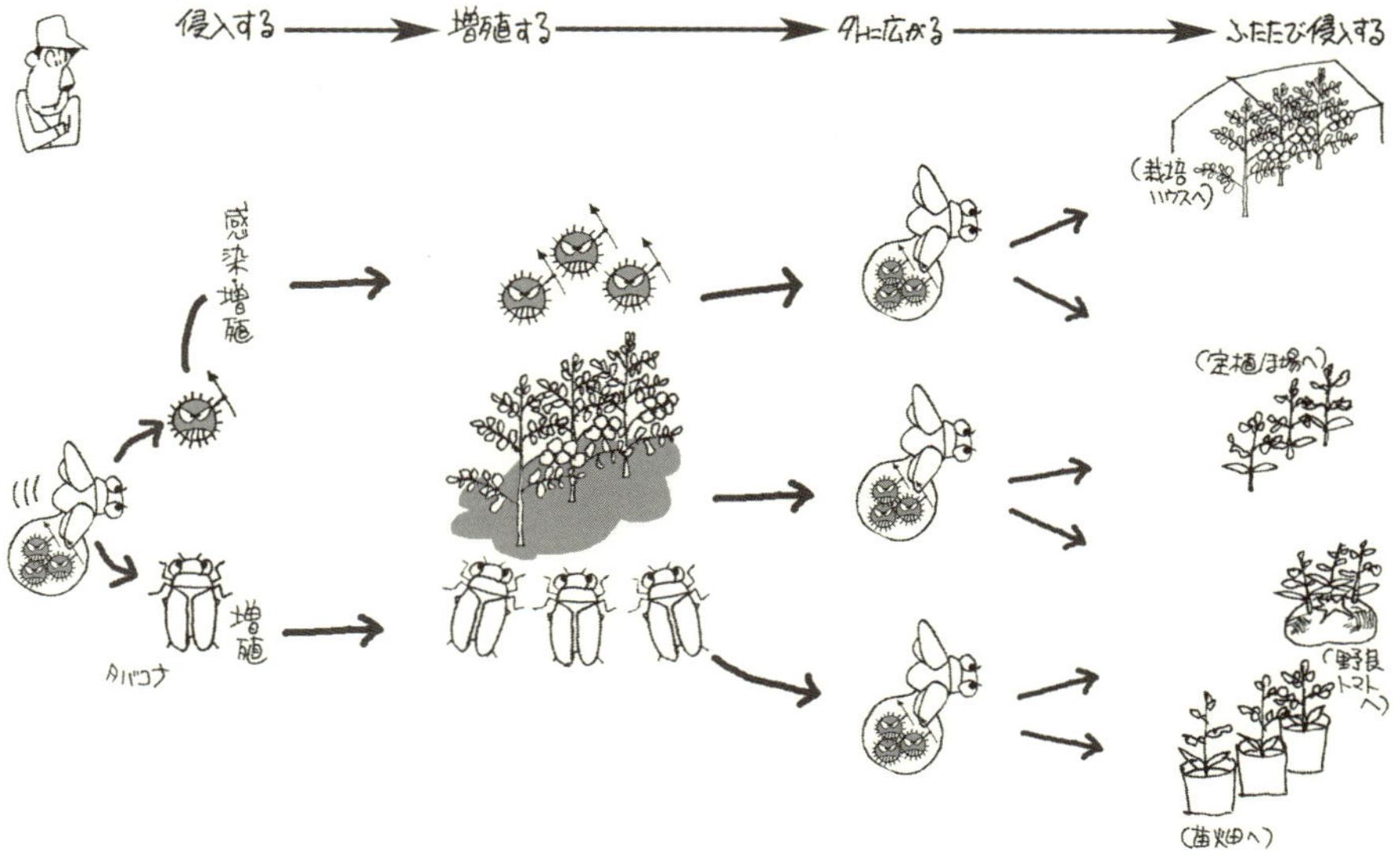

図3–1　タバココナジラミとウイルスは連鎖して無限に増えていく

コナを発生させながら）増やさない対策だけで防除できます（図3−2）。

　ただし、「増やさない」対策の効果は侵入するタバコナの数が少ないほど高くなります。「増やさない」対策だけでうまくいかない場合や、農薬の散布回数を減らしたい場合は、本章2（81ページ）を参考に「入れない」対策を組み合わせます。

図3–2　タバココナジラミ対策は「増やさない」が重要

◆ウイルス病の一次感染と二次感染

　ウイルス病を媒介するのは保毒虫だけです。この保毒虫には二種類あります。一つは、ほ場の外から侵入してくる奴、もう一つが、ほ場の中で増える奴です。

　ほ場外から侵入してきた保毒虫はト

マトやメロン、キュウリに寄生して感染株を発生させます。これが一次感染です。この感染株は保毒虫をほ場内に大量生産します。彼らは周囲の健全株を感染株に変え、さらに保毒虫と感染株を増やしていきます。これが二次感染です。つまり、ウイルスは二段階で増えるわけです。

図3-3　ウイルス防除は「入れない」対策が第一

◆まずは「入れない」対策で

それでウイルス病対策は、二段構えです。まず、侵入する保毒虫を減らす「入れない」対策で一次感染を防ぎます（図3-3）。次に、「増やさない」対策で保毒虫の増加を抑え、二次感染を防止します。

くり返しますが、保毒虫が侵入しなければ「一次感染」は起きません。当然、「二次感染」もなく、ウイルス病は発生しません。最初のねらいは外から侵入する保毒虫となりますが、残念ながら「保毒虫」かそうでない「ふつうのタバコナ」かは外見で区別できません。したがって、「入れない」対策の目標は、とにかくタバコナの侵入数を可能な限りゼロに近づける、になります。

なお、侵入する保毒虫を減らすには「出さない」対策も有効です。どういうことかというと、侵入する保毒虫の供給源は、TYLCVだとトマトのほ場、CCYVだとメロンやキュウリのほ場です。つまり、これらのほ場から保毒虫を出さなければ、地域の保毒虫が減り、侵入する保毒虫も減らせるからです。出を押さえて、入りを減らす、というわけです。

◆そして「増やさない」対策を重ねる

「二次感染」を起こす保毒虫の発生源は、ほ場の中にある感染株です。これがなければ新たな保毒虫の発生もなく、二次感染を防げます。「増やさない」対策ではこの感染株の除去こそが、最優先です。タバコナの防除はその補助という位置付けになります。ウイルス病対策＝タバコナ防除ではなく、発生源をなくして保毒虫の数を減らすということが基本なのです。

ウイルス病対策の手順は、以上のようにまず「入れない」を中心に、「増やさない」と「出さない」を組み合わせることです。それで、感染株を五%以下に抑えられれば大成功です。

さて、ウイルス防除の前提をまずそのように押さえたうえで次に、タバコナ防除の実際を見ていきます。

❷ バイオタイプで変わる対策

同じタバコナでも農薬の効果は、バイオタイプQとBで違います。使える農薬が違えば、タバコナやウイルス対策も変化します。では、どうかわるのでしょうか。

◆Bに効く薬がQに効かない
——アドマイヤーには一〇〇倍以上も強い

タバコナは、害虫の中でも農薬が効きにくい虫の一つです。その中でももっとも農薬に強いのがQです。ネオニコチノイド系剤の一つ、アドマイヤー水和剤を例にとってみましょう。この農薬はBに効果が高く、二〇〇〇倍で一〇〇%、三万二〇〇〇倍でも六〇%の成虫が死にます。しかし、Qは二〇〇〇倍でまったく死にません。一〇〇倍にしても死ぬのは四〇%です。つまり、QはBより一〇〇倍以上もアドマイヤー水和剤に強い、ということになります（図3-4）。

◆Qに効く農薬はごくわずか

ネオニコチノイド系剤の大部分、IGR剤、合成ピレスロイド剤もアドマイヤー水和剤と同じです。Bにはよく効きますがQに効きません。Qに効く農薬は少なく、Bの半分以下なのです。

Qに効く主な農薬は、サンマイトフロアブルとその仲間、ベストガード水溶剤と粒剤、スタークル（アルバリン）顆粒水和剤と粒剤、コロマイト乳剤、クリアザールフロアブルなどです。このほかには、気門封鎖型農剤や天敵農薬があるくらいです。Qが発生している地域では、数少ない農薬を上手に使う技術が必要です。

◆ほ場にいるのはQ？　それともB？

QとBでは使える農薬の種類が違うので、バイオタイプを調べて農薬を選ぶ必要があります。QとBを正確に区別するには、遺伝子診断が必要です。しかし、これには特別な機械と試薬、技術が必要で、現場で使えません。そこで、農薬の効き方でバイオタイプを区別します。

まず、自分の住んでいる地域にQが発生しているかどうかを確認します。

二〇〇九年四月現在、Qは北は岩手から南は沖縄まで発生しています。最新情報は、近くの指導機関や病害虫防除所に問い合わせてください。

発生している都府県の皆さんは、タバコナ防除に使った農薬の効果を思い出してください。「アドマイヤー水和剤やダントツ水溶剤、トレボン乳剤、ラノーテープ剤がよく効いた」ならば青信号、まだQはいません。これが「農薬をかけても効果が今一つだ」に変わったら、黄色信号です。Qがいる可能

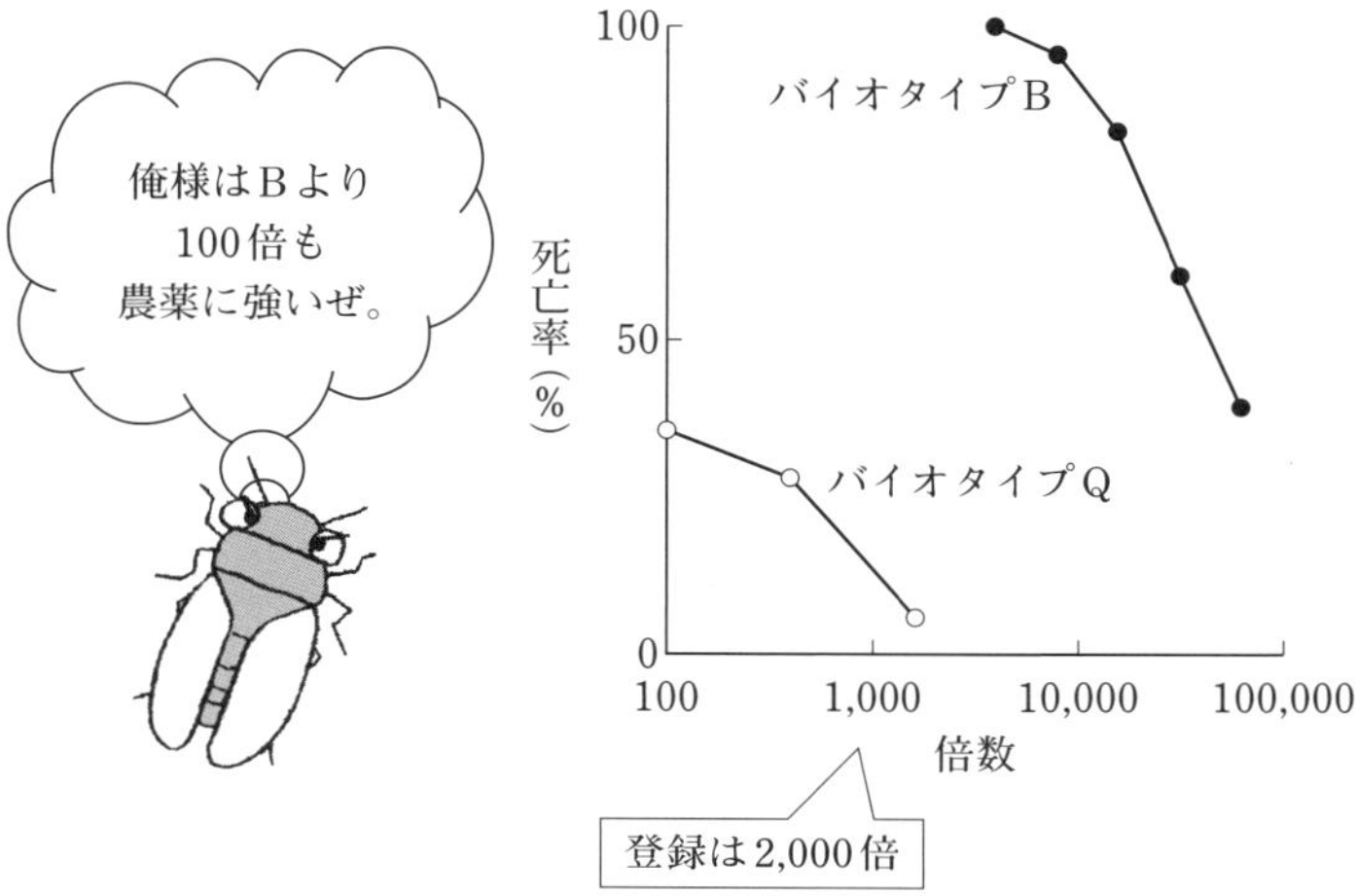

図3-4　バイオタイプQへのアドマイヤー水和剤の効果
（樋口，2004から）

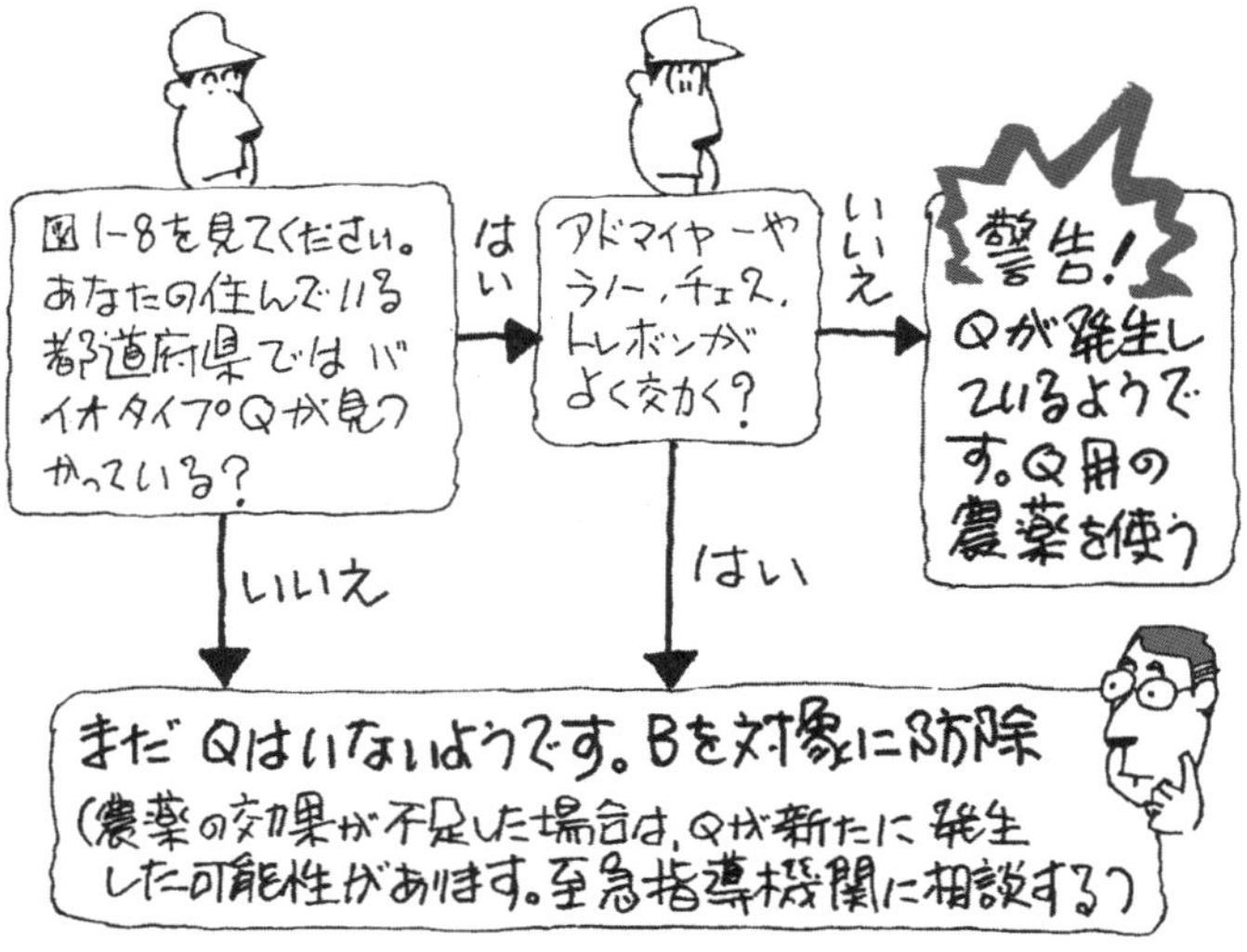

図3-5　農薬の効果からわかるバイオタイプ

性があります。さらに「水をかけているようだ」と感じたら赤信号です。Qがいるのはほぼ確実です。黄や赤信号が点灯したら、Qに効果がある農薬で防除します（図3－5）。

まだ発生が見られていない道県では、ひとまずBを対象として防除します。ただし、Qの発生地域は日に日に拡大しています。病害虫防除所や指導機関の情報や農薬の効果の変化に注意が必要です。

また、まだBがいない、いても少ない地域は、タバコナが生活しにくい地域だと考えられます。Qが侵入しても大きな問題とはならないでしょう。

◆Qのいるほ場は「入れない」対策を強化

Qは効く農薬が少ないので、増殖が盛んで散布回数が多くなる夏に栽培する作型や栽培期間が長いトマトやナス、キュウリで、使える農薬が不足する可能性があります。栽培期間を少ない農薬でカバーするには散布間隔を長くする、つまり、散布した後の増加を緩やかにする必要があります。

農薬を散布したあとの増殖源は、生き残ったタバコナと新たに侵入するタバコナで、この数を減らすと増加は緩やかになります。そのためには、まず、ていねいな散布で生き残りの数を減らすことが大切です。これだけでも散布間隔を長くすることが可能ですが、「入れない」対策でタバコナの侵入を少なくすると、さらに散布間隔を広げることができます。

③ 対策は季節でも変わる

タバコナは野外からほ場へ侵入して増殖します。被害を防ぐには、「入れない」対策と「増やさない」対策が必要です。しかし、増殖の早さと侵入する数は季節によって変わります。当然、対策のポイントも違います。

◆春～秋と冬では違う「防除モード」

タバコナの増殖は温度が高いほど早くなり、防除の間隔も短くなります。また、野外でタバコナが活動する春から秋には侵入を警戒する必要があります。しかし、野外で活動できない冬の間は、侵入に対する備えは不必要です。このことから、防除対策は季節で大きく次の二つに分類できます。

①増殖が早く、侵入がある春から秋の「夏モード」

②増殖が緩慢で、侵入がない冬の「冬モード」

「夏モード」と「冬モード」では、対策の種類が違います。「夏モード」では「入れない」「増やさない」「出

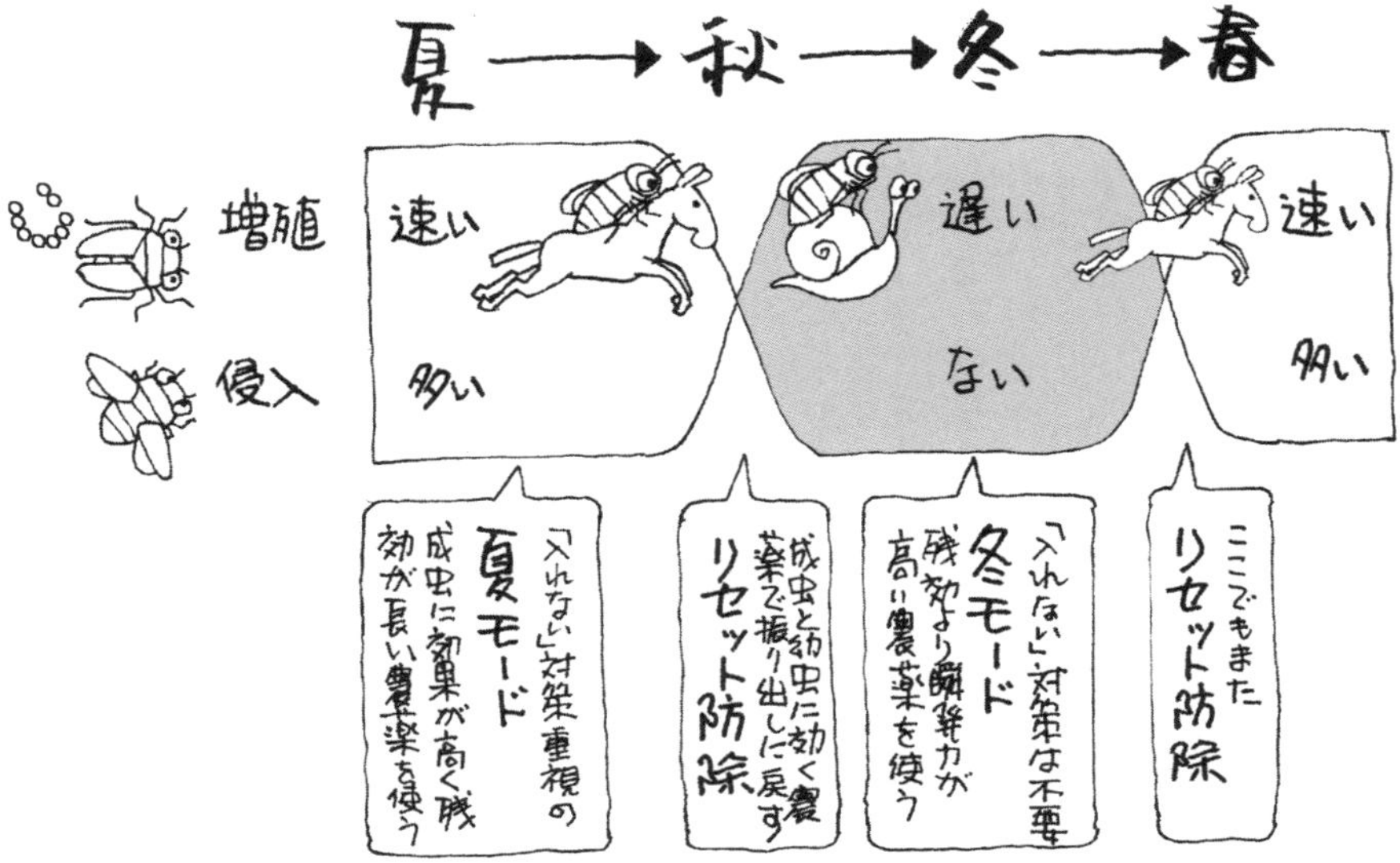

図3–6　夏と冬ではタバココナジラミの防除モードを変える

さない」対策が必要です。一方、「冬モード」の時期、屋外のタバコナは低温で死滅します。必要な対策は「増やさない」だけです。

農薬の種類も季節で変わります。「夏モード」ではくり返し侵入してくるタバコナを防ぎながら増殖を抑える必要があります。このため、使用する農薬には、成虫への効果が高く、しかも残効が長いものが適しています。一方、「冬モード」のタバコナ防除は「増やさない」ということだけが目的になります。殺虫効果が高ければ、残効は必要ありません。また、幼虫に効果が高い農薬も成虫に高い農薬も同じように使えます。さらに、増殖が緩やかなので、散布間隔も長くなります。

問題になるのは防除モードの切り替え時期です。タバコナが野外で活動するには「平均気温一〇℃以上」が必要です。防除モードはこの温度を目安に切り替えます。アメダスなどの気象情報で気温を調べ、地域の切り替え時期を確認しておきます（図3–6）。

◆防除モードが切り替わる時期は一度「リセット」

抑制栽培や半促成栽培は、栽培期間が両方にまたがります。抑制栽培では、夏の間に発生したタバコナやウイルス病を冬まで引きずると、「冬モード」が使えません。また、半促成栽培でも増殖が急に早くなるので切り替えのタイミングが難しく、防除に失敗する例が多く見られます。モードの切り替えをスムーズにするのが「リセット防除」です。

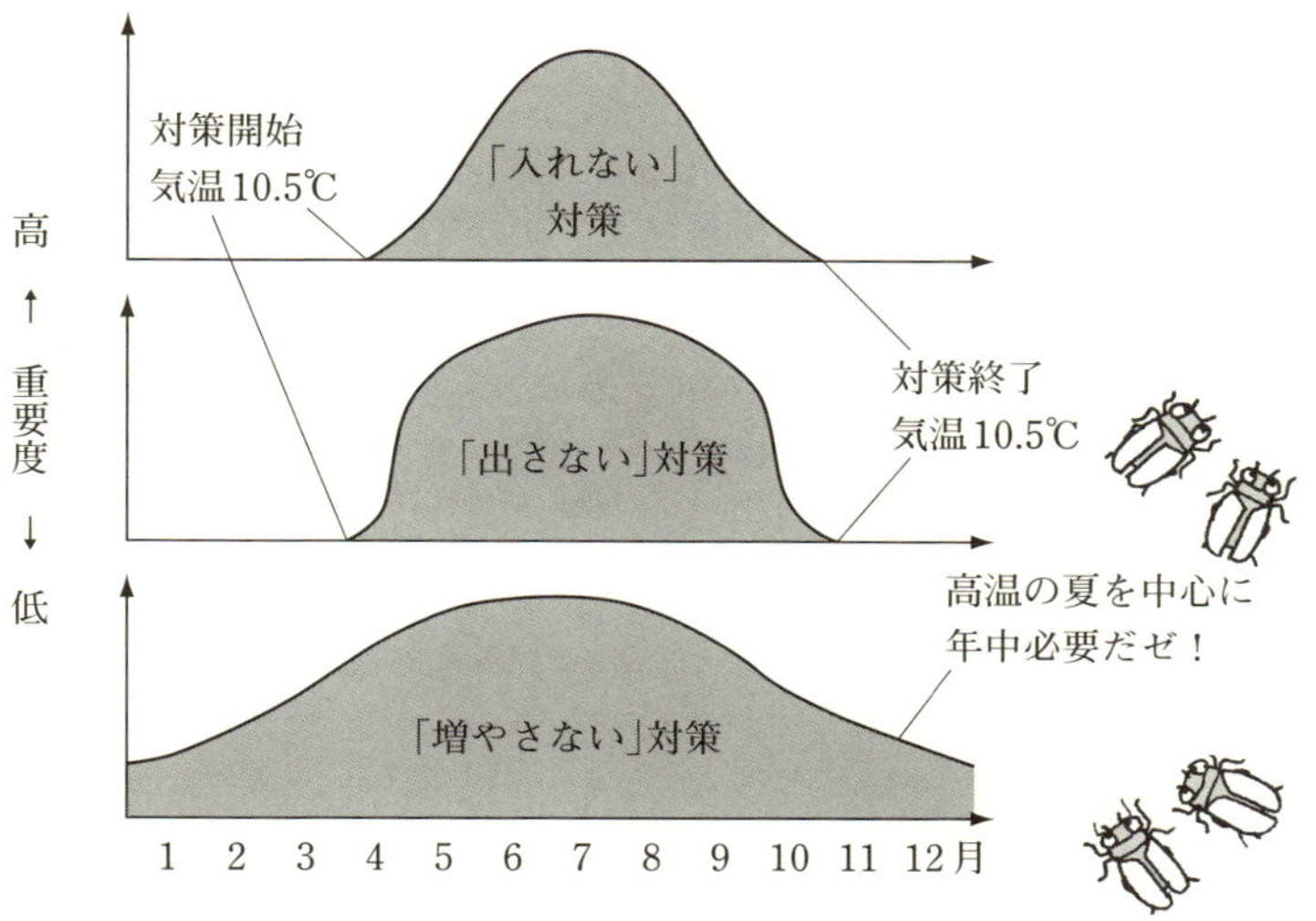

図3–7 「入れない」「出さない」「増やさない」対策の時期別の重要度

「リセット防除」とはモードが切り替わる時期に、成虫と幼虫に効果が高い農薬を使って、ほ場のタバコナの数をゼロに近付ける方法です。

◆「夏モード」の注意点

タバコナの成育適温は二五～三〇℃で、三五℃までは温度が高いほど成育が早くなります。成育が早くなれば増殖も早く、防除回数も多く必要になります。同じ「夏モード」でも、夏の「入れない」「増やさない」対策は春や秋にくらべて強化する必要があります。とくに「入れない」対策は栽培途中の強化が難しいので、もっとも重要度が高い時期に合わせて、定植時に決めます（図3–7）。

④ 露地ほ場の対策はハウスと違う

ハウスはガラスやビニルの屋根などが障害物になってタバコナの侵入を防いでくれます。しかし、露地ほ場には障害物がないため、いつでも、どこからでも侵入します。当然、露地の防除対策はハウスと違ってきます。

◆「増やさない」対策が重点

露地ほ場に「入れない」ことは難しいので、「増やさない」対策に重点を置きます。幸い、露地ほ場のタバコナはハウスほど激しく増えません。これは、ツヤコバチやカスミカメムシなどの天敵が活発に攻撃することや、タバコナが大嫌いな雨が当たることが原因

図3-8　露地ほ場で周辺の発生源にも手を打つ

のようです。ハウスの「増やさない」対策を露地ほ場に使うとハウスよりうまくタバコナを防ぐことができます。

◆それでも被害が出るときは

「増やさない」対策だけで被害が防げないときには、「入れない」対策を追加します。露地ほ場の「入れない」対策は、ハウスとはちょっと違います。

露地ほ場でタバコナが増える理由は、周囲にタバコナがたくさんいて、それが「増えない」対策で減らした以上に侵入するためです。

ハウスでは「防虫ネット」など障害物をタバコナの通り道に置いて侵入を防ぎます。露地ほ場でも有効な方法ですが効果は低くなります。そこで考えたいのが、「タバコナが増える場所を少なくする」という方法です。

まず、露地ほ場とその周りの風景を思い浮かべてください。近くにハウスはありませんか。タバコナが好きなナスやキュウリの露地ほ場はありませんか。セイタカアワダチソウやクズが生えた雑草地があれば、そこも発生源になります（図3–8）。雑草地はタバコナが増えない間隔、約一ヵ月間隔で除草します。

◆皆で「出さない」対策を

露地ほ場は入るのも簡単ですが、出るのも簡単です。タバコナは露地ほ場の間を行き来している間にどんどん増えます。増加を止めるには皆で「出さない」対策をとる必要があります。ほ場の外へ出ていく数がもっとも多くなるのは、栽培が終了してほ場を片付ける間です。栽培期間中の防除も重要ですが、栽培終了時の「出さない」対策はもっと大切です。産地全体で「出さない」対策に取り組めば、産地全体のタバコナの数を減らすことが可能です。詳しい方法はあとで述べます。

2 まずは「入れない」防除

タバコナは、餌がなければ二四時間以内に餓死する弱い虫です。耕耘したばかりのほ場に餌となる植物はありません。タバコナの数はゼロです。つまり、皆さんのほ場で発生するタバコナは、間違いなく外から侵入したタバコナです。「入れない」対策とは、この侵入を減らす方法です。

❶ タバコナの通り道をふさぐ

私が職場に通う道は毎日同じです。皆さんがほ場や職場に通う道筋はどうでしょうか。たぶん決まっているでしょう。タバコナも同じで、移動や侵入する道筋にはルールがあります。

◆風の通り道は虫の通り道

タバコナは、体長〇・八㎜前後の小さな虫です。自力で目標（餌）に移動するというより、風に身を任せて移動します（図3−9）。つまり、風の通り道がタバコナの通り道、ということです。

吹く風の方向には、ほ場によって、また季節によって「西風の吹く日が多い」「夏場は南風の日が多い」など一定の法則があります。風で移動するタバコナは、風上から侵入する確率が高いので、風の法則を押さえれば、対策の参考になります。

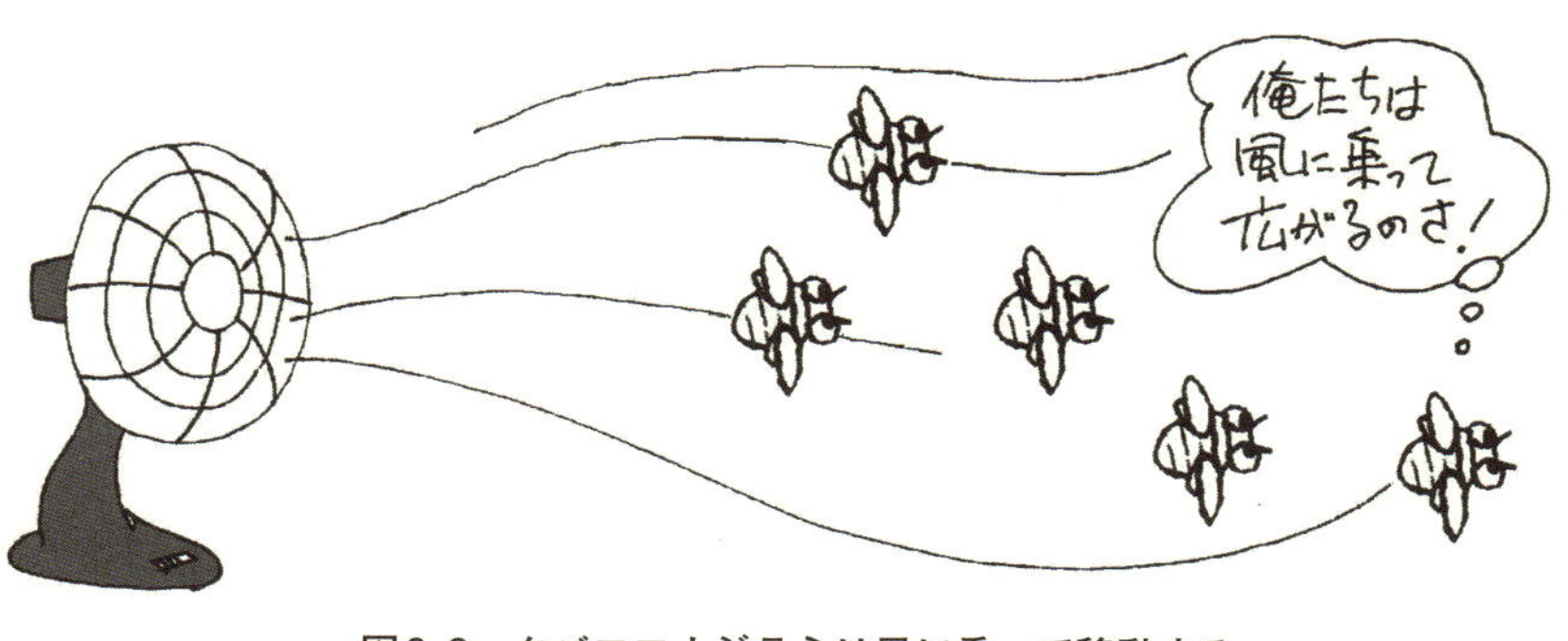

図3−9　タバココナジラミは風に乗って移動する

◆高さで違う通行量

タバコナは地上一〇mぐらいまでの風の道を使っています。ハウスの高さは一〇m未満なので、側面開口部と天井開口部のどちらからでもタバコナは侵入できます。しかし、同じ道でも通行量が多いところ、少ないところがあります。実はタバコナの八割以上は、地上〇・五～一mの低いところを飛び回っています。つまり、ハウスの天井開口部から侵入するタバコナは少なく、八割以上は側面開口部から侵入するということです（図3－10）。

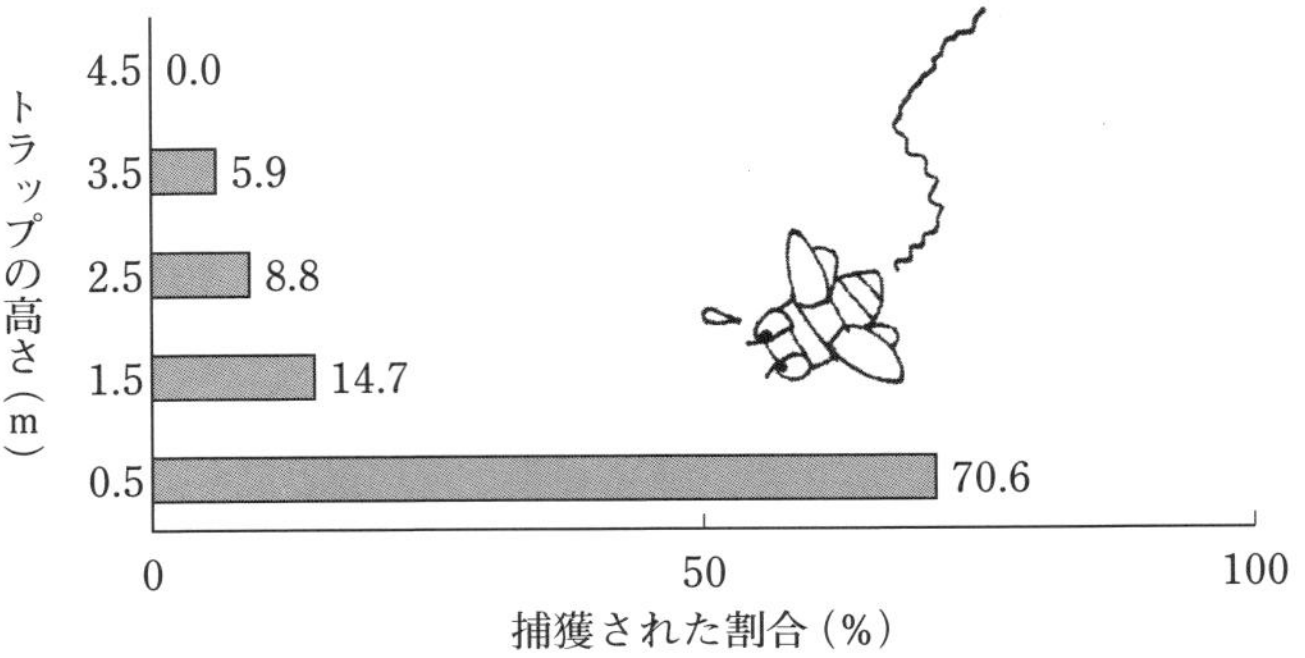

図3–10　タバコココナジラミは8割以上が高さ1.5m以下を飛んでいる　（内川・小川，2005から）

対策は単純です。障害物を使って開口部の通行量を制限します。とくに、側面開口部に障害物を置くと効果的で、ここの通行量を半分にすれば侵入量を四割カット、通行止めにすれば八割カットできます。さらに、天井開口部に障害物を置けば、ハウス内への侵入を一〇〇％カットできます。

❷ 防虫ネットは必須アイテム

タバコナの通行量を減らす障害物としてさまざまな資材が使われています。その中で、もっとも多く使われるのが防虫ネットです。ただし、体が小さいタバコナの侵入を防ぐにはそれなりの工夫が必要です。

◆目合い〇・三mm以下なら完璧

多種多様な防虫ネットが販売されていますが、選ぶポイントの第一は目合いのサイズです。目合いとは、ネットの糸と糸の間隔のことです。効果がある目合いは虫の種類によって違います（写真3－1）。たとえば、ハスモンヨトウは目合い五mm以下、オオタバコガは四mm以下の防虫ネットで侵入を防止します。体が小さなタバコナには、もっと小さな目合いが必要です。これまでの試験で、侵入するタバコナの数を減らすためには「一mm以下」、侵入を完全に防ぐためには「〇・三mm以下」が必要、ということがわかっています

（図３−11）。
「入れない」対策の第一歩は、目合い一mm以下の防虫ネットを張ることから始まります。どの目合いの防虫ネットを選び、どんな張り方をするかは、タバコナの発生量とウイルス病の発生程度で変わります。

タバコナだけが問題となる地域では、側面開口部に目合い〇・八mmで十分です。しかし、ウイルス病が発生している地域ではすべての開口部に目合い〇・四mm以下を張るのが標準装備となります。

写真3−1　ネットの目合いとは網目の間隔
タバコナの完全な侵入を防ぐには，目合い0.3mm以下が必要

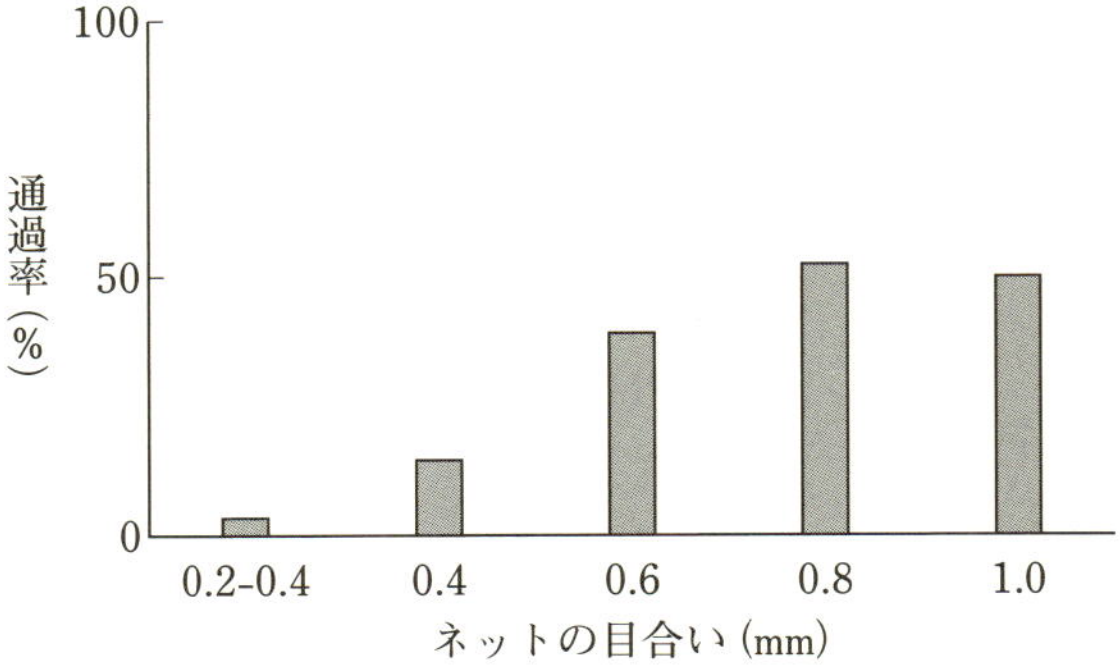

図3−11　ネットの目合いが狭いほど通り抜けるタバココナジラミの数は少なくなる（松浦，2004から）

◆隙間をつくらないネットの張り方

体が小さなタバコナは、隙間があれば次々と侵入してきます。防虫ネットの効果を高くするには、ネットを隙間なく張ることが大切です。隙間をなくすコツは、密着性の高いビニペットなどの固定金具でサッシの枠や柱、パイプなどに防虫ネットを固定することです（写真３−２）。

◆ハウスの温度上昇には特製ネットで防ぐ

ハウス開口部に防虫ネットを張ると風の流れが悪くなり、ハウス内の温度が上昇します。その影響は目合いが小さくなるほど大きく、一mmで一〜二℃、〇・四mmで二〜四℃です（森山ら、二〇〇八、図３−12）。

　製造メーカーは、目合いが小さくても温度が上がらない、夢の防虫ネットの開発を進めています。

写真3–2　隙間をつくらないネット展張例

①の柱，②の開閉窓の枠，③のサッシ下枠に固定金具のレールをビス留めで取り付け，ハウス開口部の全面に目合い0.4mmの防虫ネットを張っている

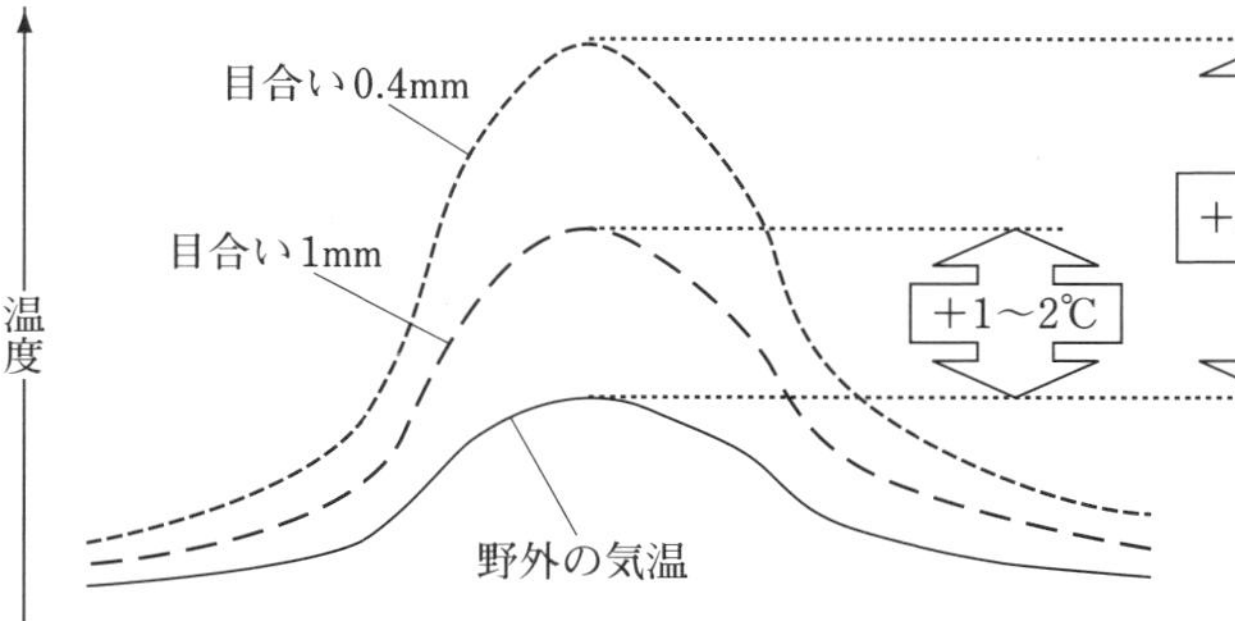

図3–12　ハウス内の温度は目合いが狭いほど高くなる

　風は防虫ネットの糸と糸の隙間を通り抜けます。この隙間の割合が高くなれば、風が通りやすくなり、温度の上昇を抑えられます。そこで考えられたのが極細の糸を使った防虫ネットです。たとえば、〇・一mmの糸を使って目合い〇・四mmの防虫ネットをつくると、一定面積に占める隙間の割合（空隙率）は六四％です。糸の太さを二分の一の〇・〇五mmに替えて目合い〇・四mmの防虫ネットをつくると、空隙率は二割増しの八一％になります。さらに毛羽立ちが少ない、ツルッとした糸を使うなど、さまざまな工夫を加えて、効果は目合い〇・四mmと同じで、通気性は一mmと同じ防虫ネットが販売されています（商品名：ダ

イオサンシャインスーパーソフトやサンライトPなど）。価格はやや割高ですが、高温期に使用する場合はこちらの防虫ネットがお薦めです（図3－13）。

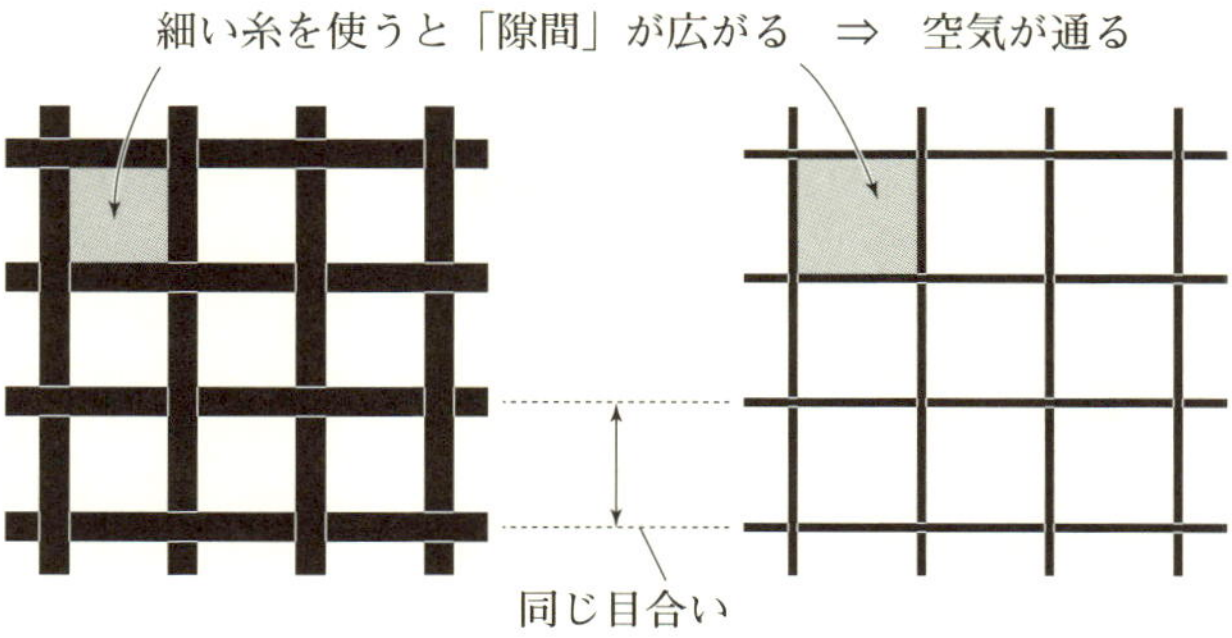

細い糸を使うと「隙間」が広がる ⇒ 空気が通る
同じ目合い

図3–13　目合いが同じでも糸の太さで空気が通る隙間（空隙率）が広がる

しかし盛夏期は、極細糸の防虫ネットだけでハウスの温度を十分に下げることができません。循環扇を使って風をおこしたり、天井に開口部をつくって暑い空気を抜いたり、遮光ネットで日差しを遮るなどの対策と合わせて使うようにしてください。

◆換気扇の使い方は要注意

換気扇はハウスの温度を下げるのに有効ですが、使い方には注意が必要です。換気扇は外気を取り入れるための機械です。風が、ハウスの開口部に外から内側へ風の流れをつくるからです。風の流れは、タバコナには通り道でした。換気扇を使うことは、その通り道をコンクリートで真っすぐに舗装してやるようなもので、かえって侵入量を増やすことになります。

どうしても使用する場合は、すべての開口部にタバコナが通過できない〇・四㎜以下の防虫ネットを張る必要があります。

◆ハウスの入り口にひと工夫

また人が出入りする場所も、作業のたびに開閉するので、タバコナにとって絶好の入り口になります。ここにも対策が必要です。

ふつう、扉の外に防虫ネットを互い違いに重ねて張る方法がとられます。この方法だと、タバコナが外から直接飛び込めなくなるので、日常の出入りは安全です。でも、収穫作業のときはどうでしょう。コンテナの出し入れのジャマになるので、防虫ネットを巻き上げている光景をよく見かけます。これでは防虫ネットを張った意味がありません。

ひと手間かけて、出入り口を改造しましょう。出入り口の外側に、ビニルや防虫ネットで覆った小さな作業用のスペースをつくります。ハウスの出入り口を開けて、収穫物をこのスペースに運び、出入り口を閉めてここから外にもち出すようにすると、タバコナがハウス内へ飛び込むのを、ほぼ完全に防ぐことができます（写真3－3）。

写真3-3　出入り口に前室をつくったハウス

◆防虫ネットは露地でも使える

露地野菜の場合、ハウスと違って完全に「入れない」ということは不可能です。でも、タバコナの通り道に障害物を置いてほ場に入る数を少なくする、という基本は同じです。タバコナの八割は、前述のとおり地上一・五mより低いところを飛んでいます。つまり、高さ一・五mの目合い一㎜防虫ネットでほ場の回りを囲めば、計算上、タバコナの侵入を四割減らすことができます。このあと説明する光反射シートを組み合わせれば、さらに効果を高めることができます。

③ この手も一緒に組み合わせる

防虫ネットは、タバコナの侵入を防ぐもっとも基本的な資材です。しかしこれだけで効果が甘いと感じるときは、近紫外線除去フィルムや光反射シートを一緒に使って、侵入防止効果を高めます。

◆餌を隠して侵入を防ぐ

タバコナは人間に見えない光、紫外線を使って餌や結婚相手を探しています。この習性を逆手にとったのが「近紫外線除去フィルム」を使った「入れない」対策です。近紫外線除去フィルムは、その名のとおり紫外線を通さないビニルのことです。このビニルを使うと、ハウス内の紫外線量が少なくなり、中の餌や結婚相手が見えなくなります（図3－14）。タバコナは、餌が見えないハウスを避けて、美味しそうな餌がたくさん見える場所へと飛んでいきます。

「それじゃあ、近紫外線除去フィルムを張れば、防虫ネットはいらないね？」という声が聞こえてきそうです。しかし、現実はそんなに甘くあり

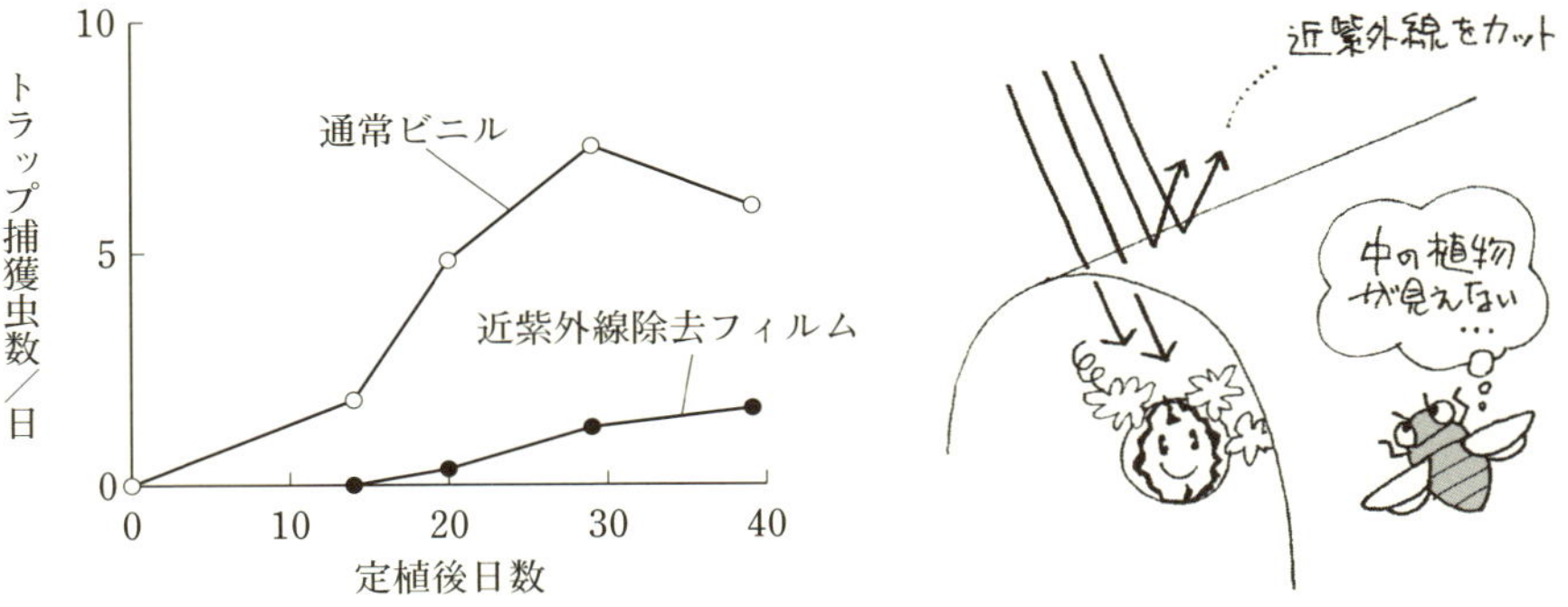

図3-14　近紫外線除去フィルムと通常ビニルを張ったハウス内のタバココナジラミ数
（内川・小川，2005から）

ません。風に漂いながら移動するタバコナは、強い風が吹けば、いやでもハウスの中に舞い込んでくるからです。さらに悪いことに、周りの餌が見えないので、たどり着いた餌にしがみついて離れなくなります。こんなわけで、近紫外線除去フィルムを使う場合も防虫ネットは不可欠です。

◆光反射シートで侵入を防ぐ

虫は光を使って自分の姿勢や進む方向を決めています。予想しない方向から強い光が当たると、感覚が狂って異常な行動をとります。たとえば、昼間に活動する虫はつねに背中に光を受けて飛んでいます。急に下から強い光が当たると上下の感覚を失って、墜落し

◎近紫外線除去フィルムの注意点

近紫外線は、タバコナだけでなく広範囲の昆虫、植物が利用しています。アザミウマ類に対する効果は詳しく調べられており、キュウリなどの防除に活用されています。

しかし、よい面ばかりではありません。受粉昆虫の活動が悪くなったり、作物の生育が徒長気味になったりします。また受粉に、ミツバチとクロマルハナバチを利用する施設では使用できません（セイヨウオオマルハナバチは紫外線への反応が比較的鈍いので使用できる）。作物ではナスが着色が悪くなるため利用できません。しかしほかは葉が薄く大きくなったり、徒長したりしますが、収量への影響は見られません。利用は可能です。ただ、施肥や整枝など徒長しない管理が必要です。なお、天敵類への影響は確認されていません。

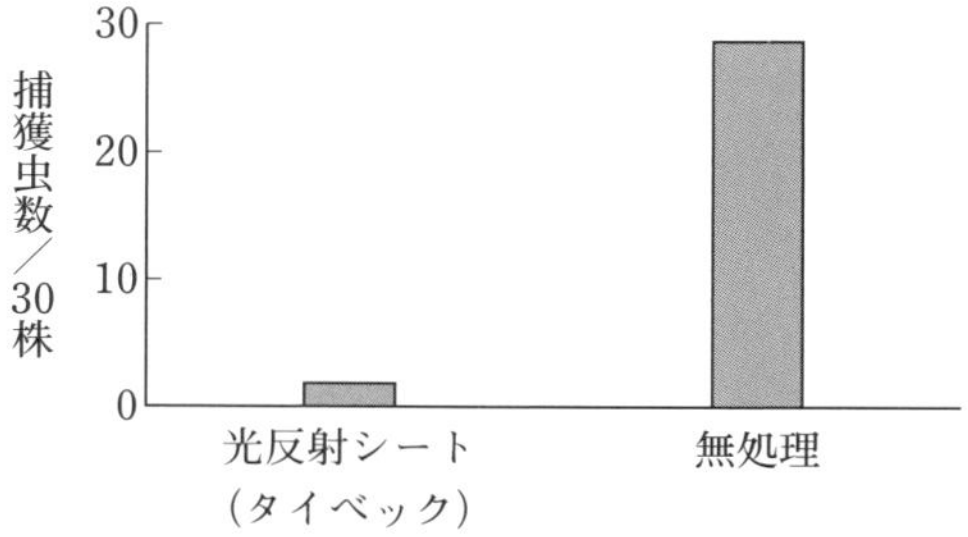

図3‐15　光反射シートを地面に敷いたときの侵入防止効果

（内川・小川，2005から）

注　シート中央に置いた黄色粘着板への誘殺数を3回調査した平均値

てしまいます。光反射マルチの設置はこの性質を使った「入れない」対策です。光を反射する資材、タイベックやシルバーマルチでほ場を囲むと、光の壁ができてタバコナの侵入を防ぎます（図3‐15）。この方法はアザミウマやアブラムシにも有効です。

マルチの幅は一・二〜一・五mで十分です。露地ほ場ではもっとも外側の株から一m離れた位置に、ハウスでは外壁に接した位置に地面へ金具で固定します。

ただし、近紫外線除去フィルムと同じで、強い風が吹いていると効果が発揮できません。この方法も防虫ネットとの組み合わせが必要です。

④ウイルス病発生地域ではさらに追加対策

タバコナやウイルス病は苗でももち込まれます。とくに、ウイルス病に感染した苗をもち込むと、「入れない」対策が無駄になります。健全苗の使用は基本中の基本です。自家苗を使用する場合は、完全防御の専用育苗ハウスで育てます。また、TYLCVが発生して以来、外界から完全に隔離された育苗専用の施設で苗を生産する業者が増えています。このような業者から苗を購入するのも一つの方法です。

◆育苗ハウスは完全防備

ウイルス病に感染していない苗を育成するには、栽培ハウスよりも厳重な対策が必要です。天井には近紫外線除去フィルムを張り、ハウスの周辺には光反射マルチを敷きます。さらに、開口部には必ず目合い〇・四mm以下の防虫ネットを張り、徹底的に侵入を防ぎます。出入り口には前室をつくり、育苗用の部屋と分離します。前室には扇風機を置いて、入り口に向かって風を送り、タバコナを追い出せば、より完璧になります（図3‐16）。また、前室に入る前と育苗用の部屋へ入る前には必ず服を叩いて、タバコナを払い落とすことを忘れないでください。

作業の順番も大切です。栽培用のハウスで作業した後に育苗ハウスへ入る

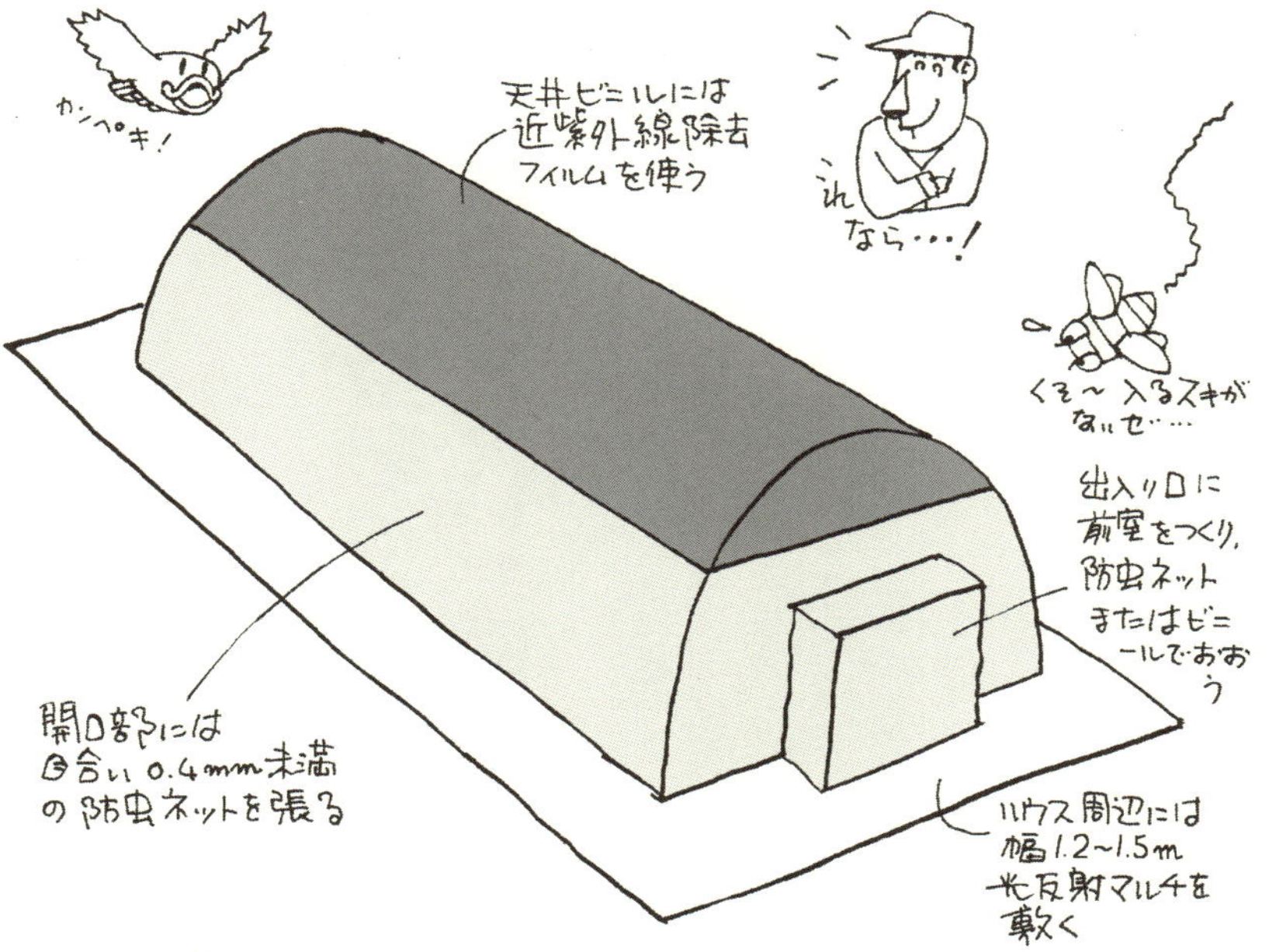

図3-16　ウイルス発生地域の育苗ハウスはフル装備で。でも暑さ対策も忘れずに

と、タバコナをもち込む可能性が大きくなるので、育苗ハウスの作業は、一日の最初に行ないます。ほかのハウスで作業した後に入るときは、服を替えたり、ていねいに叩いて入るようにします。

完全防備のハウスは温度も上がります。とくに夏は極細糸の防虫ネットに遮光ネット、熱線遮断フィルムと降温対策もフル装備が必要です。

◆苗の運搬は専用の容器に入れて

育苗ハウスから定植するハウスへ移動するときも要注意です。「ハウスの外に出す＝タバコナが寄生する」と考えてください。とくにハウス周辺をタバコナが飛び回っている四～一〇月、防御対策は必須です。目合い〇・四mm以下の防虫ネットでつくった運搬用の容器に入れて、育苗ハウスから栽培ハウスへもち込みます。

購入苗も同じです。完全防御のハウスで育苗されていても、移動中にどこでタバコナが寄生してウイルスが感染するか予測できません。ハウスにもち込む前に苗の上部を軽く手のひらで払い寄生の有無をチェックします。タバコナがいればあわてて飛び出してきます。

3 ほ場で虫を「増やさない」防除

❶ 見落とさない、見逃さない

あらゆる手を尽くしても、タバコナはほ場の中へ舞い込んできます。ここからが腕の見せどころです。増やさないように上手に防除します。その基本は「早期発見・早期防除」です。コナジラミ算で増えるタバコナでは、とくに大切です。そのコツは……。

◆黄色が大好き、を逆手にとる

発生が少ないとき、一枚一枚葉をめくりながらタバコナを探すのは大変です。こんなとき、タバコナが大好きな黄色粘着板を使って調べます。

ホリバーやスマルキャッチなどを使う方法もありますが、資材費を抑えるために、私たちは一〇cm四方に切り取った黄色粘着テープを画用紙などの硬い台紙に両面テープで貼り付けた自作の「黄色粘着板」を使っています。黄

写真3–4　黄色粘着板の材料と，取り付けの様子
15cm四方に切った粘着テープを，台紙に貼り付け(①)，株の上10 ～ 20cmの位置に設定する (②)

色粘着板は、タバコナが集まるように、目立つ場所、株が生長したときの高さと同じか、それより一〇～二〇cm高い位置に、作業のジャマにならないよう、支柱や番線にダブルクリップや洗濯バサミで取り付けます（写真3－4）。

◆発生のツボを押さえておく

不思議なことに、タバコナが発生しやすい場所はだいたい決まっています。発生の始まりをつかむには「タバコナが最初に見つかる場所」、つまり「発生のツボ」を押さえておくことが大切です。ツボになりやすい場所は、ハウスでは出入り口や側面開口部、谷下開口部の周辺、光がよく当たって暖かい南側、とくに南西側の角隅、露地ほ場では外周部です。経験や勘も大切です。「そういえば去年の発生はこの辺から始まった」という場所があれば、そこがツボです。

黄色粘着板は、ツボとツボになりやすい場所、ハウスでは開口部と出入り口の周辺に、露地ほ場では四辺に一〇アール当たり五～一〇個を目安に設置します。設置したら、必ず作業前にどの粘着板に何頭捕獲されたか調べて記録します。一日に捕獲される虫が増えてきたら防除のタイミングです。

粘着板はゴミやホコリが付いて徐々に粘着力が弱くなります。また、タバコナの数が増えると調査が大変になるので二～三週間を目安に交換します。

❷ 使える農薬をよく知る

限られた農薬で防除するには、農薬の特徴を熟知することが大切です。同時に、タバコナの生態からうまく効かせる散布法を読み取ることも重要です。「己（農薬の特徴）を知り、敵（タバコナの性質）を知れば百戦しても危うからず」です。

◆浸透移行性と長い残効が特徴
ネオニコ剤

ネオニコチノイド系の農薬（略してネオニコ剤）は、神経の働きを鈍くすることで、成虫や幼虫の活動を止めて殺す薬です。残効が長く速効的に作用しますが、死ぬまでに少し時間がかかります。

ネオニコ剤の最大の特徴は浸透移行性がある、という点です。浸透移行性というのは、農薬が植物の中を移動して、ほかの場所でも効果を発揮する性質のことです。根から吸われた農薬は、維管束で運ばれて、株全体を守ります。また、葉表にかかった農薬は葉の中に取り込まれて葉裏や、近くの葉へ移動して効きます。この性質を上手に使ったのが粒剤です。処理して効くまでに一～二日必要ですが、その後の残効は三～四週間あります。散布剤では残効がやや短くなりますが、それでも三週間以上あり、少々散布ムラがあっても大丈夫です。

ネオニコ剤には、アクタラ、アドマイヤー、アルバリン、スタークル、ダントツ、ベストガード、モスピラン、バリアードの粒剤や散布剤があります。いずれもバイオタイプBにはよく効きますが、Qに効果が高いのはアルバリン、スタークル、ベストガードの三つです。アルバリンとスタークルは同じ成分なので、Qに効くネオニコ剤は、たったの二種類ということになります。農薬を選ぶときは、発生しているバイオタイプの確認が重要です（表3-1）。

作物（2008年9月現在）

作物										備考
ピーマン	ナス	シシトウ	豆類（未成熟）	アスパラガス	イチゴ	セージ	食用トレニア	ふき	非結球アブラナ科葉菜類	
○			○*	○	○			○ ○		＊さやいんげんを除く
	○							○	○*	＊みずなを除く
○	○ ○									
	○ ○						○			
	○ ○					○				
○	○ ○	○								
	○				○					

されている

◆復活！ サンマイトフロアブル

サンマイトフロアブルはダニ剤として開発された農薬です。抵抗性の発達で、ダニ剤としては二線級となりましたが、バイオタイプQとBの両方に効果が高いことがわかり、みごとに復活しました。この農薬は電子伝達系阻害剤という農薬のグループに分類されます。同じ系統のコナジラミ剤には、ハ

表3-1　ネオニコチノイド系農薬の種類と登録

成分名	農薬名	登録 カボチャ	キュウリ	スイカ	ニガウリ	メロン	ズッキーニ	ウリ類(漬物用)	トマト	ミニトマト
アセタミプリド	モスピランジェット		○						○	○
	モスピラン水溶剤		○	○					○	○
	モスピラン粒剤								○	○
イミダクロプリド	アドマイヤー水和剤					●			●	
	アドマイヤー顆粒水和剤		○			○	○	○	○	○
	アドマイヤーフロアブル									
	アドマイヤー1粒剤	○	○			○			○	○
クロチアニジン	ダントツ水溶剤		○			○			○	○
	ダントツ粒剤		○			○			○	○
ジノテフラン	スタークル粒剤 アルバリン粒剤		○			○		○	○	○
	スタークル顆粒水溶剤 アルバリン顆粒水溶剤		○		○	○		○	○	○
チアメトキサム	アクタラ顆粒水溶剤		○						○	
	アクタラ粒剤5		○						○	
ニテンピラム	ベストガード水溶剤		○	○		○			○	○
	ベストガード粒剤		○			○			○	○
チアクロプリド	バリアード顆粒水和剤					○			○	○

○はコナジラミ類で，●はタバココナジラミ類（シルバーリーフコナジラミを含む）で登録

（網掛け）はバイオタイプQによく効く農薬

チハチ乳剤とアプロードエースフロアブル（ダニトロンとアプロードの混合剤）があります。

　サンマイトフロアブルは、成虫、幼虫、卵、すべてのステージに高い効果があります。しかも速効的で、残効も二～三週間ある優れた農薬です。ただし、浸透移行性はありません。株が繁っていると、かけムラで効果が低くなる傾向があります。

　同じ系統でもハチハチ乳剤やアプロードエースフロアブルの性格はサンマイトフロアブルとちょっと違います。これらの農薬は、幼虫や卵にはよく効きますが、成虫に対する効果はありません。このため、サンマイトフロアブルにくらべてやや効果が甘く、残効も短くなります。

農薬の種類と登録作物(2008年9月現在)

登録作物															
キュウリ	スイカ	ニガウリ	メロン	トウガン	トマト	ミニトマト	ピーマン	ナス	シシトウ	えだまめ	イチゴ	しそ	セルリー	ふき	備考
○	○	○	○		○			○						○	
○					○			○							
												○			Qは抵抗性
			●												
○					○			○							
○	○		○		○	○	○			○	○				成幼虫に効果高い
○	○				○	○		○							幼虫に効果高い
○					○			○							幼虫に効果高い
○			○		○	○			○						幼虫に効果高い
															ラノーテープは施設栽培で登録
			●		●	●									
			●										●		
				○	○	○		○							Qは抵抗性
					○	○									
					○	○		○							
					幼			幼						幼	
					○										幼虫に高い効果
			○												
○					○	○		○			○				
○					○	○		○			○				Qは抵抗性
○					○	○		○							
					○	○									

はタバココナジラミ類(シルバーリーフコナジラミを含む)幼虫で登録されている

◆幼虫に卓効 コロマイトとクリアザール

ネオニコ剤と酸素伝達系阻害剤のほかに、コロマイト乳剤、クリアザールフロアブル、ウララ乳剤、トレボン乳剤、チェス水和剤、それとラノーテープ剤などのIGR剤があります。このうちバイオタイプQに効果が高いのは、コロマイト乳剤とクリアザールフロアブルの二つです。

コロマイト乳剤は、カビの仲間がつくる物質をもとに開発されたマクロライド系と呼ばれる農薬です。成虫に対する効果が弱い欠点はありますが、幼虫にはよく効きます。オオタバコガなどの蛾の仲間やアザミウマ類、ハモグリバエ類に使っているアファーム乳剤やスピノエース顆粒水和剤も、この仲間です。この系統の農薬でタバコナに登録があるのはコロマイト乳剤だけですが、近い将来、複数の農薬が登録さ

表3-2　ネオニコチノイド系以外の化学

系統名	有効成分	農薬名	野菜類	カボチャ
合成ピレスロイド剤	エトフェンプロックス	トレボン乳剤		
		トレボンEW		
	シペルメトリン	アディオン乳剤		
	ビフェントリン	テルスター水和剤		
	フェンプロパトリン・MEP	スミロディー乳剤		○
酸素伝達系阻害剤	ピリダベン	サンマイトフロアブル		○
	トルフェンピラド	ハチハチ乳剤		
	フェンピロキシメート・ブプロフェジン	アプロードエースフロアブル		
マクロライド系	ミルベメクチン	コロマイト乳剤		
IGR剤	ピリプロキシフェン	ラノーテープ	○	
	クロルフルアズロン	アタブロン乳剤		
	フルフェノクスロン	カスケード乳剤		
	テフルベンズロン	ノーモルト乳剤		
	ルフェヌロン	マッチ乳剤		
	ノバルロン	カウンター乳剤		
	ブプロフェジン	アプロード水和剤		
その他系統剤	スピロメシフェン	クリアザールフロアブル		
	フルニカミド	ウララDF		
	ピメトロジン	チェス水和剤		
		チェス顆粒水和剤		
		チェス粒剤		
	DBEDC	サンヨール乳剤		

○はコナジラミ類で，●はタバココナジラミ類(シルバーリーフコナジラミを含む)で，幼

（灰色の網掛け）はバイオタイプQによく効く農薬

れる予定です。

　クリアザールフロアブルはダニ剤として開発された新しい化合物です。成虫に効果はありませんが、幼虫に対する効果は高く、三週間以上持続する優れた農薬です。

　トレボン乳剤などの合成ピレスロイド剤やチェス水和剤と粒剤、ＩＧＲ剤はＢ専用剤です。トレボン乳剤は、Ｂの成幼虫に対して速効的に効きます。一方、チェス剤は成虫と幼虫にＩＧＲ剤は幼虫だけに作用し、徐々に効果を発揮する農薬です（表３―２）。

◆Qにも Bにも効果、ただし成虫中心

気門封鎖型農薬

　タバコナは、胸とお腹の両側に開いた気門という穴で呼吸します。気門封鎖型農薬はその名のとおり、この気門をふさいで窒息死させる農薬です。昔

表3-3　気門封鎖型農薬の種類と登録作物(2008年9月現在)

有効成分	商品名	野菜類	トマト	備考	使用方法
オレイン酸ナトリウム	オレート液剤	○			1〜2週間間隔で複数回散布する。成虫への効果は高いが，幼虫への効果はやや低い
還元澱粉糖化物	エコピタ液剤 あめんこ100	○ ○			
脂肪酸グリセリド乳剤	サンクリスタル乳剤 アーリーセーフ	○ ○			
デンプン	粘着くん液剤		●	食用アジアンタムにも登録有	

○はコナジラミ類で，●はタバココナジラミ類(シルバーリーフコナジラミを含む)で登録

はマシン油乳剤が主流でしたが、近年はオレート液剤、粘着くん、サンクリスタル乳剤、エコピタ液剤など、油以外の化学物質を使った農薬が販売されています。

気門封鎖型農薬はバイオタイプに関係なく、成虫によく効きます。気門をふさぐほかに、ベタベタする散布液が羽根にくっ付いて飛べなくなる効果もあるようです。ただし、幼虫への効果は低く、殺虫率は五〇%前後です。また、化学合成農薬と違い、直接かからないと効果がありません。散布ムラは厳禁です。また、残効がないので、五〜一〇日間隔で二回以上散布する必要があります(表3-3)。

◆病気で殺す!

糸状菌製剤

虫も生き物、病気になります。病気の原因となるカビの仲間を農薬にしたのが、微生物資材です。タバコナには、バーティシリウム レカニ(商品名「マイコタール」)、ボーベリア バシアーナ(商品名「ボタニガードES」)、ペキロマイセス フモソロセウス(商品名「プリファード」)、ペキロマイセス テヌイペス(商品名「ゴッツA」)の四種類が登録されています。

微生物資材を効かせるには、ほ場をカビの成長に適した温度と湿度に保つ必要があります。ちなみに、マイコタールとプリファードは温度二〇℃以上、湿度九〇%以上を二〇時間以上、ボタニガードESとゴッツAは温度一五℃以上、湿度七五%以上を一五時間以上保つ必要があります。野外では、温度湿度を保つことが難しいので、これらの農薬はハウス専用で登録されています。

確実に病気にさせるため、一週間間隔で複数回散布します。しかも、これ

表3-4　糸状菌製剤の種類と登録作物(2008年9月現在)

カビの種類	商品名	野菜類	使用方法
バーティシリウム レカニ	マイコタール	○	1～2週間間隔で複数回散布する
ペキロマイセス テヌイペス	ゴッツA	○	
ペキロマイセス フモソロセウス	プリファード水和剤	○	
ボーベリア バシアーナ	ボタニガードES	○	

・すべて「施設栽培」のコナジラミ類で登録
・マイコタール，プリファード水和剤は温度20℃，湿度90％以上を20時間以上，ゴッツAとボタニガードESは温度15℃，湿度75％以上を15時間以上維持すると効果が安定する

らの農薬は遅効的で、散布して病気で死ぬまでに数日～一〇日かかり、効果もマイルドです。このため、発生が少ない時期や地域で使う農薬といえます（表3－4）。

◆発生の少ない時期から使う天敵農薬

天敵（寄生蜂）の利用は、放飼した天敵がほ場に住み着き、害虫の発生を長期間抑えてくれる優れた方法です。

しかし、欠点もあります。害虫がいないタイミングで放飼すると、天敵が餓死して全滅します。かといって多すぎると、天敵が害虫を殺すスピードより害虫が増えるスピードが速く、効果が上がりません。この放飼タイミングをつかむのが難物です。このため、確実に効果を上げるために、発生はまだ見られないが近い将来侵入が予想される時期、あるいはまだ発生量の少ない時期から一～二週間間隔で三回以上続けて放飼します。

タバコナの天敵として三種類の寄生蜂、オンシツツヤコバチ（製品名「エンストリップ」など）、サバクツヤコバチ（製品名「エルガード」など）、チチュウカイツヤコバチ（商品名「ベミパール」など）が販売されています。このうち、タバコナ専用の寄生蜂は、サバクツヤコバチとチチュウカイツヤコバチの二種類です。寄生蜂たちは、餌であるタバコナがいないと餓死してしまいます。このため、寄生蜂でタバコナを完全に抑え込むことはできません。ウイルス病が発生していない地域や、タバコナの侵入がなく増殖が遅い季節に適した防除法といえます。

なお、タバコナに効果がある農薬は、寄生蜂にも影響があります。天敵を放飼した後は、天敵への影響を調べて農薬を使ってください。

写真3-5　黄色テープを張ったトマトほ場

◆引き寄せて捕らえる黄色粘着テープ

タバコナが黄色に集まる習性を利用したのが黄色粘着テープを使った防除法です。黄色いシートやテープに糊を塗って、集まったタバコナをくっ付けて数を減らします。現在、ITシートやホリバーなどが防除用に販売されています。

タバコナが見つけやすく、作業のジャマにならない、作物の上部に取り付けると、ハウスの中を飛び回るタバコナの数を減らすことができます。ただし、すべてのタバコナが捕まるわけではありません。その他の「増やさない」対策と組み合わせて利用します。

注意点をもう一つ。黄色粘着テープはほ場の外から見える場所に取り付けないようにします。外からタバコナを誘い込み、逆効果になることがあります。タバコナが見える距離は一～二mです。ほ場の端から一～二m離れた場所、一畦くらい内側に入ったところから取り付けます（写真3-5）。

◆ウイルスをうつさせない農薬

ところで、ウイルス病の防除を考えた場合、農薬には二つの効果があります。一つはすべてのタバコナ剤がもっている保毒虫を減らして感染株を少なくする効果です。そしてもう一つはウイルスをうつさせない効果です。「ウイルスをうつさせない効果」の農薬なんてあるのかといわれそうですが、あります。合成ピレスロイド系（略して合ピレ剤）とネオニコ剤がそれです。

合ピレは、虫の神経刺激を異常に高め、自分でコントロールできなくさせる効果があります。合ピレ剤にふれると「ビリビリ」とくるのか、農薬が付着した場所を嫌います。タバコナは吸汁する前に、つまりウイルスをうつす前に移動するようです。

一方のネオニコ剤の効き方は逆で、神経刺激を抑えます。農薬を体の中に取り込むと、動きが緩慢になります。その結果、吸汁できなくなり、ウイルスをうつす機会が少なくなります。

バイオタイプBには、合ピレ剤のト

レボン乳剤とMC、ネオニコ剤のアドマイヤー水和剤など多数の農薬で媒介抑制効果が確認されています。しかし、Qは抵抗性が発達しているので、効果があるのはベストガードとスタークル（アルバリン）の粒剤、水溶剤、顆粒水溶剤だけです。

ただし、農薬だけに頼ると危険です。保毒虫が増えると「ウイルスをうつさせない」効果は低下します。たとえばトマト黄化葉巻病の場合、保毒虫の密度が一葉当たり一頭以上になると無散布と同じくらい感染します。まずは保毒虫の数を減らすことが先決です。

では、次に以上の農薬を上手に使いこなす方法について見ていきましょう。

③ 初期防除の決め手、粒剤処理

◆特効薬を温存しない

卓効のある農薬を、「こいつは特効薬だから万一のために取っておこう」という考えは捨ててください。よく効く農薬も使わなければ、宝のもち腐れです。とくに、特効薬が少ないバイオタイプQでは、重要な時期に最高の農薬を使うことが基本です。

タバコナの被害は、タバコナが発生する時期が早いほど大きく、遅くなるにしたがって小さくなり、収穫直前ではゼロになります。「被害が大きい時期＝防除が重要性な時期」なので、タバコナの防除では効果が高い農薬から使うことになります。その中で、定植直後の防除がもっとも重要です。

◆定植時に粒剤を使う

その作の防除が成功する鍵は、もっとも重要な防除時期＝定植直後に使う農薬が握っています。お薦めはネオニコ剤の粒剤です。バイオタイプQが発生している地域では、QとB両方に効果があるベストガードかスタークル（アルバリン）の粒剤を選びます。これらの粒剤を処理すると、定植から三～四週間、タバコナの発生を抑えてくれます（図3-17）。

「防虫ネットや紫外線カットフィルムで完全防備したハウスや厳冬期に定植する作型では粒剤処理は必要ない」、という考えもあります。しかし、定植作業は、人がハウスへ頻繁に出入りするため、タバコナがハウス内へ侵入する危険がもっとも大きいときです。また、厳冬期でも育苗施設からタバコナがもち込まれることがしばしば起こります。万が一、もち込まれたときを考

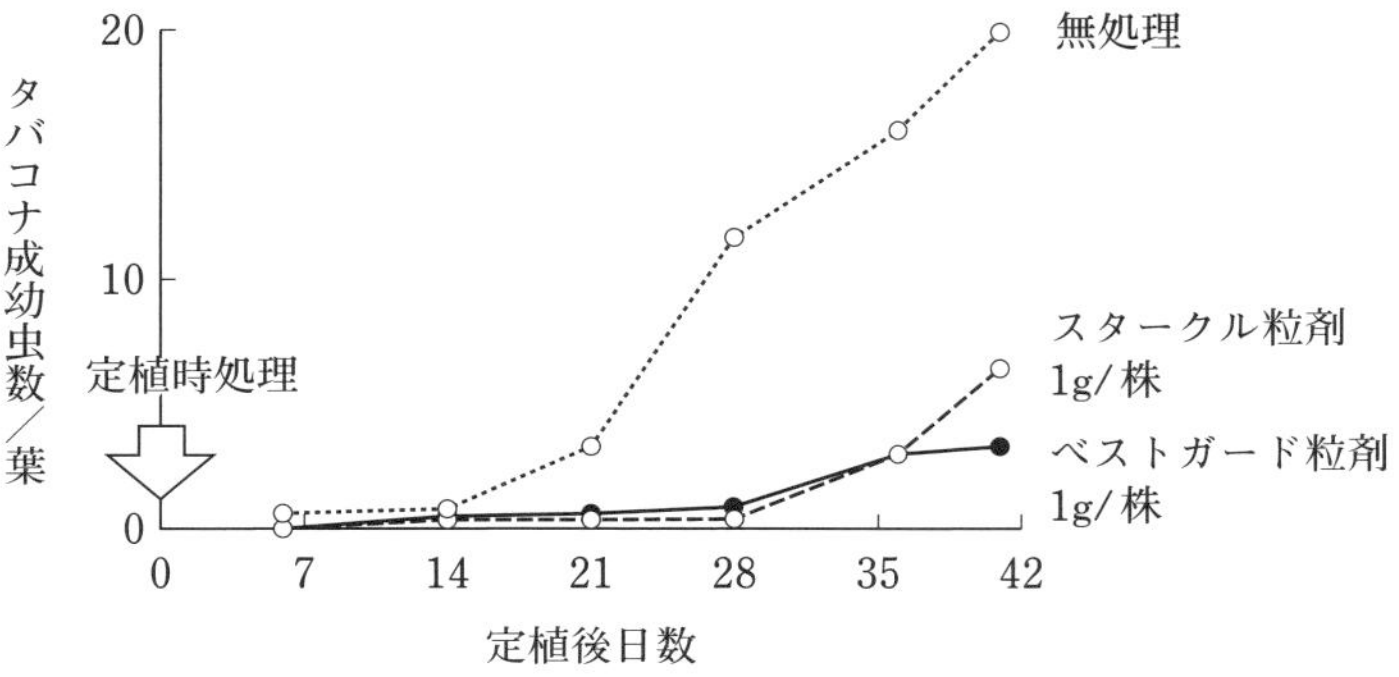

図3‒17　ネオニコチノイド系粒剤のバイオタイプQに対する残効
作物はメロン。ハウス側面開口部には目合い0.8mmネットを張った

えて、常発地域では保険の意味で処理することをお勧めします。

また、ネオニコ粒剤は、アブラムシやミナミキイロアザミウマ、ハモグリバエの仲間にも効果があるので、その他の害虫防除にも役立ちます。

◆ポット苗の株元に処理する

粒剤の処理時期としては、播種時、鉢上げ時、育苗期、育苗期後半、定植時、生育期があります。このうち、一般的な処理時期は育苗期、育苗期後半と定植時の三つです。

育苗期と育苗期後半処理は、ポット苗の株元に規定量を処理する方法です(図3‒18)。粒剤の残効は決まっているので、早く処理すれば、定植後の残効は短くなります。ほ場で長く効かせたほうがトクなので、定植直前、一～二日前の処理がベストです。

一方、定植時処理は植え穴に粒剤を入れ、土と混和したあと定植するという方法です。効果や残効は育苗期後半処理と同じですが、混和する手間が増えることや、忙しい定植と作業が重なるのでけっこう大変です。作業的には、育苗期後半処理が優れています。

処理方法や時期、濃度や量、使える作物などは、農薬によって異なります。間違わないよう、農薬の袋に書かれている説明書を必ず読んでください。

◆粒剤処理後にはかん水を

ネオニコ粒剤は、水に溶けて、根から吸収されて初めて効果を発揮します。処理後に灌水して農薬の吸収を助けると、効果が安定します。ただし、かけ過ぎは禁物です。水に溶けた農薬がポットの外に流れ出したり、土壌の深い場所に移動したりすると逆効果です。

粒剤の効果は、前述のとおり処理後一～二日たってから発揮されます。育苗期の後半に処理しておけば定植直後から効きますが、定植時処理だと一～

二日間効果のない空白ができます。タバコナの防除だけならこの差は問題ありませんが、タバコナがうつすトマト黄化葉巻病やウリ類退緑黄化病の防除では、この差が大きく響くことになります。ウイルス病の防除では、必ず育苗期の後半に処理します。

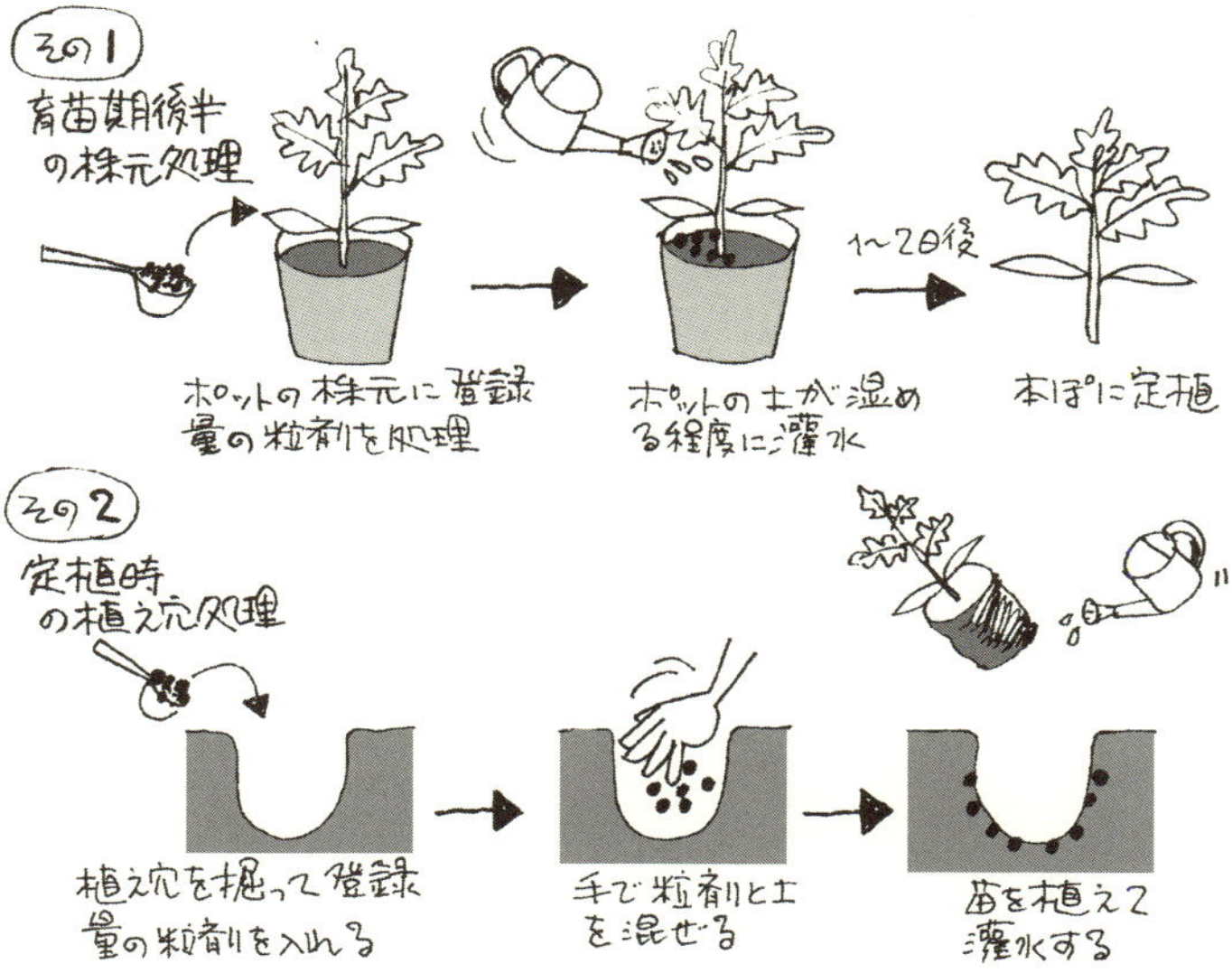

図3–18　粒剤の処理の2方法

④ 定植後の防除タイミングの考え方

◆粒剤処理の次の防除はいつ?

粒剤処理でタバコナの寄生は三〜四週間防げます。これに、タバコナをハウスの中に「入れない」対策を組み合わせれば、もっと長い間発生を抑えることができます。したがって定植後の最初の薬剤散布は、粒剤の効果が切れ始める「定植後三週間以降」となります。では、次の防除は、三週間後のいつから必要になるでしょう？　それを教えてくれるのは、黄色粘着板です。黄色粘着板を作業のたびに確認し、一日に捕まるタバコナの数が増え始めてきたら防除します。

ここでポイント。もし定植後三週間たたないうちに防除が必要になったとしたら、それは防虫ネットの張り方や目合いの選択が悪かったか、苗や人によるもち込みがあったか、粒剤の処理方法がまずかったかなど、「入れない」「増やさない」対策のどこかに問題があった証拠です。もう一度それまでの対策を見直してみてください。

◆二回目以降の散布タイミング

二回目以降の散布タイミングは、前回使用した農薬、散布時の温度や侵入

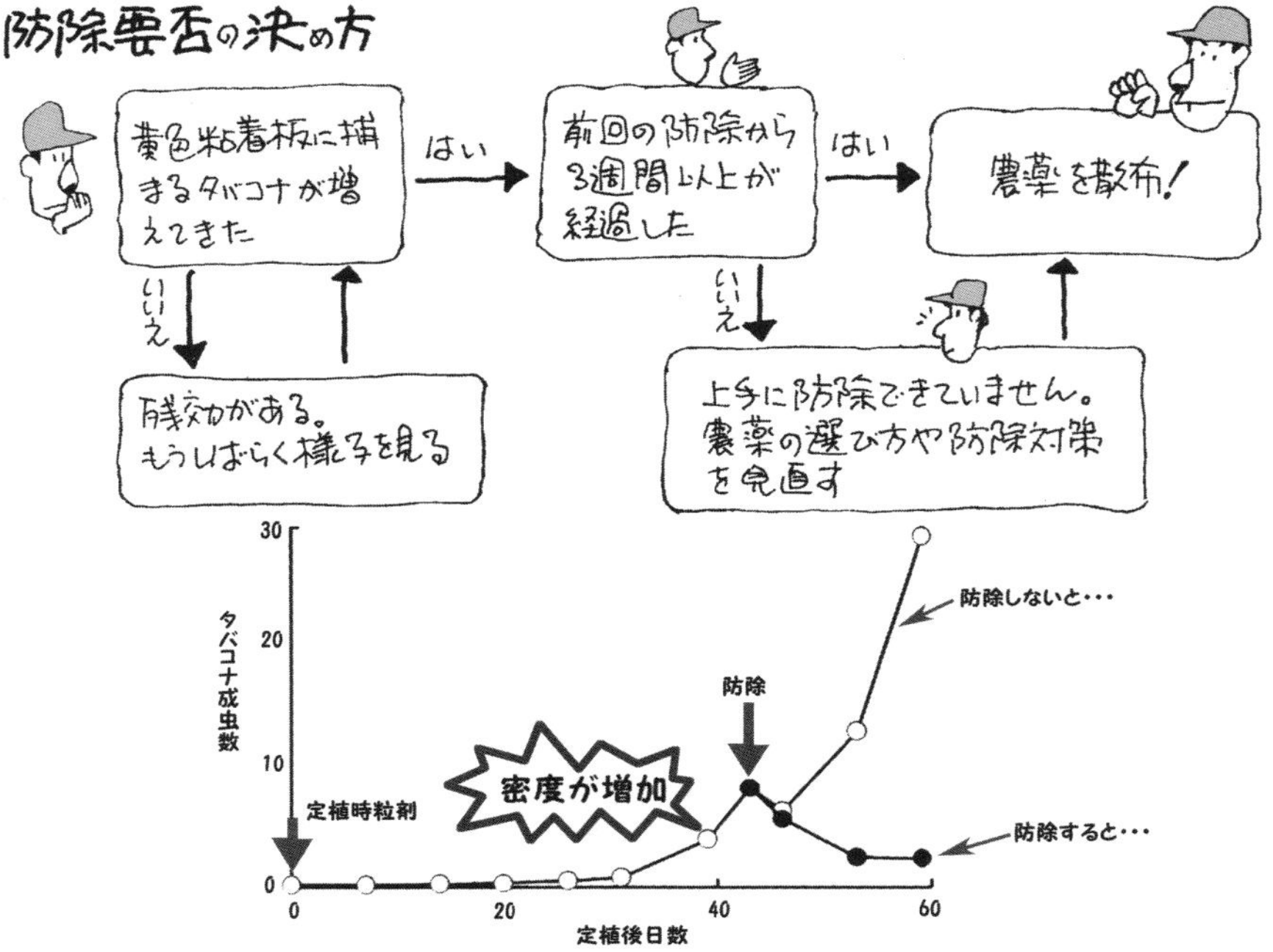

図3-19　防除要否の決め方（上）と実際（下）

量などで変わります。しかし、やはりそのタイミングは発生量を観察して決める、が基本です。黄色粘着板を使ってタイミングを把握します。タバコナは急に増え始めるので、こまめに観察するようにします。

ただし、散布間隔が短くなると労力が大変だし、コストもかさみます。最低二週間、できれば三週間は間隔が欲しいところです。もし、それより散布間隔が短くなるようなら、農薬の種類や防除対策を見直してください。「入れない」対策をチョット強化することで、だいぶ違います（図3–19）。

❺ 夏と冬では「防除モード」を変える

本章1の❸（77ページ）で述べたように、夏と冬では「防除モード」が違います。当然、使用する農薬の種類も変わります。では、どんな基準で選べばよいでしょう。

◆「夏モード」の農薬の組み立て

「夏モード」では、侵入するタバコナと、ほ場で増殖するタバコナの両方を防除する必要があります。厄介なのは侵入してくるタバコナです。農薬の残効が切れると、たちまち侵入して増殖が始まります。そのため「夏モード」では残効が長い農薬を使う必要があります。

また、生育初期に重点をおくという基本に従って、効果が高く残効の長い農薬から順番に使用します。ただし、抵抗性の発達を防ぐため同一系統の薬剤の連続使用は避けます。

バイオタイプQに効果が高い農薬は、サンマイトフロアブルとベストガード水溶剤、スタークル（アルバリン）顆粒水溶剤、コロマイト乳剤、クリアザールフロアブルなどです。しかし、定植時にネオニコ粒剤を使用しているので、初回の防除はサンマイトフロアブルを散布し、ベストガード水溶剤、スタークル（アルバリン）顆粒水溶剤などにつなぎます。散布間隔の目安は三週間以上です。

効果の高い農薬が多いBは、Qより組み立てが簡単です。ハウスでは、ラノーテープ剤を使い、三ヵ月以上発生を抑えることが可能です。また、サンマイトフロアブルやチェス水和剤、合ピレ剤、ネオニコ剤などを輪番で使用する体系もあります。農薬によって残効が違うので、散布間隔の目安は二～三週間です。

◆「冬モード」の農薬の組み立て

「冬モード」防除は、「夏モード」とは違う基準で農薬を選びます。冬はタバコナの侵入がないので、ほ場のタバコナだけを抑えれば大丈夫です。残効の長さは問題になりません。また、増殖が緩慢なので遅効的な農薬も効果を発揮します。

この時期は、幼虫への効果が高いクリアザールフロアブル、ハチハチ乳剤やコロマイト乳剤、残効は短いが成虫への効果が高い気門封鎖型農薬、遅効的な微生物資材などを中心に防除を組み立てることもできます。

◆モードの切り替え時にはリセット防除を

栽培期間が「夏モード」と「冬モード」にまたがる作型では、途中でモードの切り替えが必要になります。この時期にタバコナを農薬散布で「リセット防除」すると、その後の対策がラクにになります。

最初のリセット防除は「夏モード」から「冬モード」に切り替わる時期に

行ないます。どんなに効果が高い農薬も、「夏モード」で使用すると残効に限界があります。これは、一回全滅させても、新たなタバコナがほ場の外から次々と侵入してくるからです。しかし、「冬モード」に切り替わるとタバコナの侵入がなくなり、農薬は十二分に力を発揮できるようになります。切り替わった直後に効果の高い農薬で「リセット防除」すれば、ハウスの中のタバコナを一掃して、タバコナとウイルス病の発生を断ち切ることができます。しかも、「冬モード」では増殖が緩やかになるので、タバコナの増加を長期間抑えることができます。冬の防除の成功に、この「リセット防除」は欠かせない対策なのです。

リセットの時期はもう一つあります。「冬モード」から「夏モード」に切り替わる時期です。春先になると温度が上がり、タバコナの増殖が急に早くなります。タバコナの侵入も始まります。ハウスの中で増えるタバコナと外から侵入してくるタバコナを同時に相手にするのは大変です。そこで、「夏モード」に切り替わる前に効果の高い農薬を使って、ハウスのタバコナを掃除します。これが二度目の「リセット防除」です。主な敵を、侵入してくるタバコナに絞って対処できるようになるわけです。

◆リセット防除の農薬

リセット防除には成幼虫に効果が高い農薬、たとえばサンマイトフロアブルやベストガード水溶剤、スタークル(アルバリン)顆粒水溶剤などが有力候補です。とにかくリセットですから、いったんご破算にするつもりで、ムラのないていねいな散布が不可欠です。

Qに効果の高い農薬は限られていま す。さらに、それらの農薬の使用回数も限られています。これらの農薬の使用回数を使い切ると、リセット防除ができなくなります。そうならないために、リセット防除に使う農薬は定植時に決め、その農薬が何回使えるか調べ、リセット防除の散布回数(二回)を引いた回数を、「夏モード」や「冬モード」で使うようにします。

たとえば、トマトのサンマイトフロアブルをリセット防除に使う農薬に決めたとします。サンマイトフロアブルの使用回数は二回です。リセット防除の回数、一回を引くと、リセット防除以外で使える回数は一回ということになります。リセット防除が二回必要な場合は、使う農薬を二種類選んで同じように計画します。

なお図2-20は、もっとも防除が難しいTYLCVとQが常発している地域の抑制栽培トマトを想定した防除モデルです。

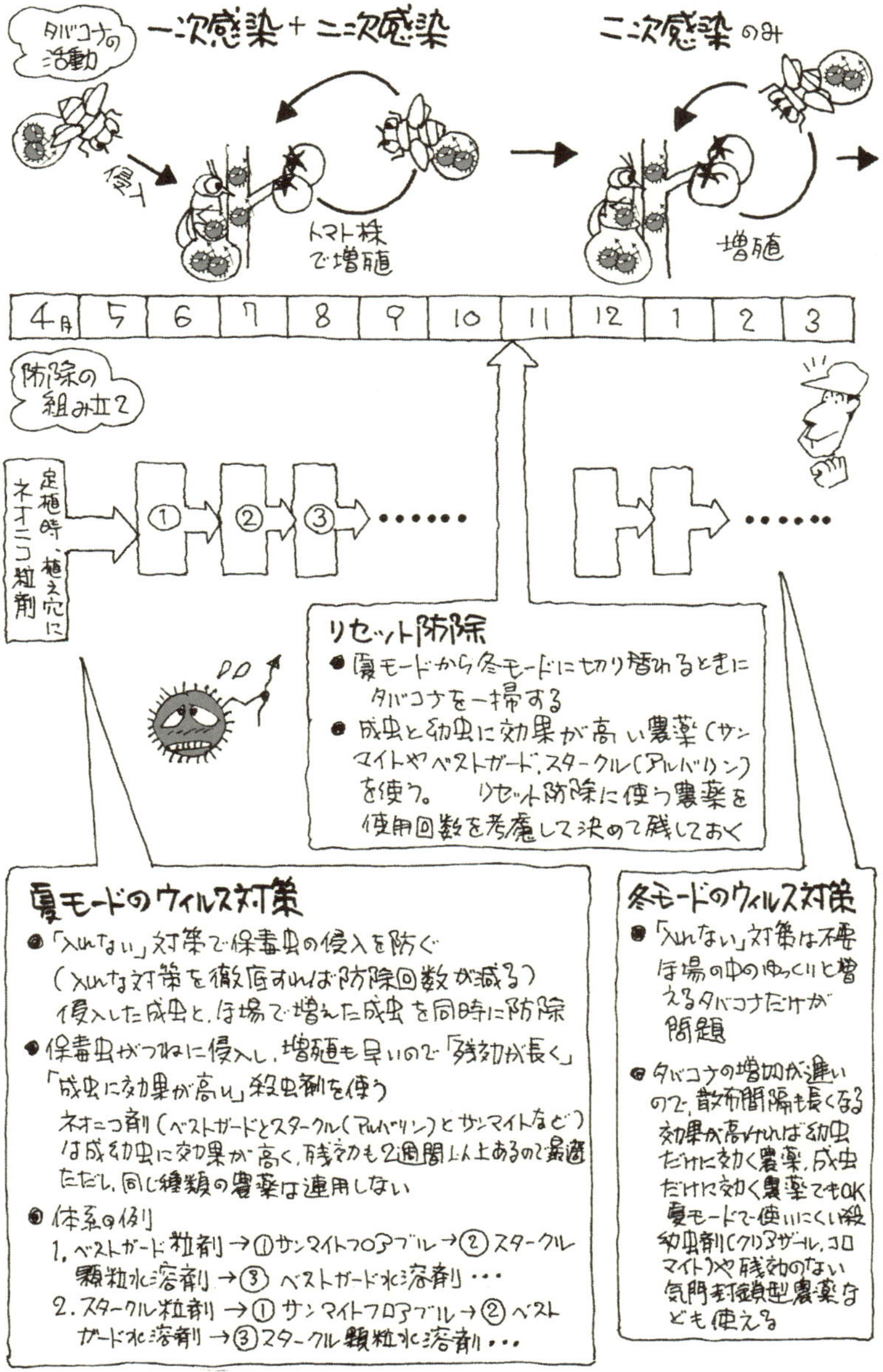

図3-20　夏モードから冬モードの防除の組み立て

（TYLCVとQが常発している地域の抑制栽培トマトの例）

❻ 薬剤散布は ていねいさが大事

◆死角をなくして農薬を効かす

農薬の効きは、散布ムラがあると悪くなります。浸透移行性がある農薬でも、その力には限界があります。散布ムラをつくらない、つまり「散布の死角」をなくす、少なくする管理が大切です。

散布の死角は葉が密生していたり、株が密集したりしていると、できやすくなります。そこで株間、畦間を広めに定植し、葉と葉の間に隙間ができるよう、こまめに葉かきします。とくに株の片側からしか散布できない二条植えでは、畦の内側がほとんど死角になります。このような場合は、手前の株の隙間から裏側の株に農薬が届くように、通常より広めの株間、強めの葉かきが必要です。

農薬のかけ方も大切です。タバコナは葉の裏側を住み家にしています。葉裏に農薬が付くように、噴口をやや上に向けて、下から上にゆっくり動かしながら散布します。また株元の葉裏は、農薬が一番かかりにくい部分です。下葉かきを少し強めにしてやると、かけムラを少なくできます。

◆発生のツボは重点的に

本章3のはじめ（91ページ）に書いたように、ハウスには必ずタバコナが発生しやすい場所、ツボがあり、そこからハウス全体に広がっていきます。ツボから発生が始まるということは、発生初期の密度がほかより高いということで、防除のねらい所です。ツボを押さえて重点的に防除すると効果は高まります。

❼ もしウイルス病が 出てしまったら……

◆とにかく保毒虫を減らす

前にも述べたように、ウイルスを媒介する保毒虫は二種類。外からほ場に侵入してくる保毒虫と、ほ場で増える保毒虫です。「入れない」対策を実施していれば、ほ場で増える保毒虫のほうが侵入してくる保毒虫よりずっと多いはずです。当然、ウイルス病を広げるのは、このほ場で増えた保毒虫となります。

そしてほ場で保毒虫を増やすのは、感染株です。保毒虫率は、感染株を抜き取れば下がり被害も減ります。この効果を農薬散布でサポートします。

一方の侵入してくる保毒虫は、81ページの「入れない」防除、109ページの「出さない」防除で少なくします。さ

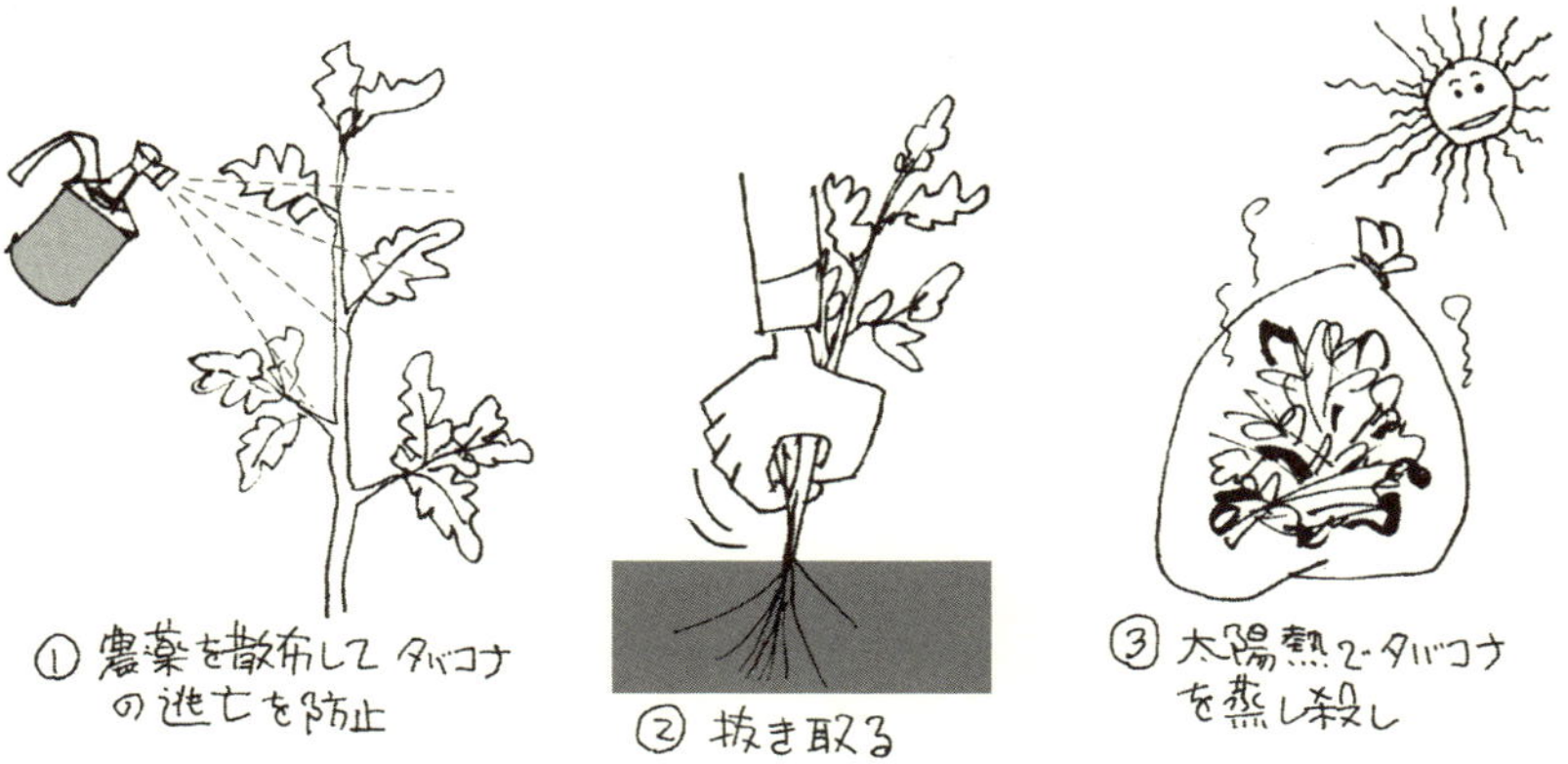
①農薬を散布してタバコナの逃亡を防止
②抜き取る
③太陽熱でタバコナを蒸し殺し

図3-21　ウイルス発病株の処理法

らに農薬散布をして、次に起こる一次感染を防ぎます。幸いなことに、侵入するタバコナの保毒虫率は一〇〇％ではありません。季節や環境で変わりますが、抑制栽培の定植時期（八〜十月）の保毒虫率は数〜二〇％程度です。かつてはすべてのタバコナが保毒虫と考え、一頭でもいれば防除していました。これではいくら農薬があっても足りないし、第一、体も財布ももちません。しかし、保毒虫率は思いのほか低く、「入れない」と「出さない」対策で保毒虫の侵入を減らせば、ウイルス病の拡大を防ぐことは可能です。

ウイルス病が出ても、必要以上に慌てる必要はありません。保毒虫を増やさないよう、着実に「入れない」「出さない」対策をし、これに感染株の抜き取りと農薬散布を組み合わせることです。

◆感染株は抜き取って処分

感染株を「抜き取って処分」すれば、保毒虫の〝生産〟を止めることができます。これが、ウイルス病対策の第一歩です。ところで、処分にはチョットしたコツがあります。感染株を抜くと、保毒虫が餌を求めて周りへ飛び散ることになります。これではウイルス病を防除しているのか、周りに広げているのかわかりません。

そこで注意点①　抜き取る前に農薬で発病株にいる成虫を殺します。効果の高い薬剤を使うと、使用回数制限が問題となります。成虫に効果が高く散布回数制限がない、気門封鎖型農薬が適しています。

次に注意点②　抜き取った株をそのまま放置してはいけません。大きな株が枯れるには、数日から一週間かかります。その間に、幼虫が成長して保毒虫となって周りに広がります。抜き取った株から保毒虫が羽化しないように、ビニル袋に包んで蒸し殺すか、穴を掘って埋没処分します（図3–21）。

◆未練は断ち切る

最後に注意点③。果実に未練をもってはいけません。これが一番の難物です。発病株でも果実は順調に大きくなり収穫できます。このため、感染株に果実が残っていると、つい「一個いくら、一株抜き取ると何円」と考えて、引き抜く手が止まってしまいます。

私たちも農家から、「いくらになると思っているのか」とか「保障がなければ抜かない」と食ってかかられたことが何遍もあります。しかし、考えてみてください。感染株から穫れる果実の量よりも、感染株から広がったウイルス病で失う量のほうがはるかに多いのです。ここは涙をぬぐって抜いてください。

◆ウイルスでなく、タバコナの要防除水準で防除

タバコナが何頭になったら防除するか？　とよく聞かれます。この質問にはいつも、「残念ながら、ウイルス病の要防除水準はありません」と答えています。

ウイルス病の発生量は保毒虫数で決まるので、保毒虫数が要防除水準の基準です。しかし保毒虫と無保毒虫を現場で見分けることはできません。タバコナの数をつかんだとしても、保毒虫率が一〇％と一％とでは保毒虫数が一〇倍も違います。これでは使いものになりません。結局、ウイルス病の要防除水準は決められないのです。

しかし、前述の「入れない」対策と発病株の抜き取りを徹底すれば、ほ場をウイルスがいない環境に限りなく近づけられます。そうなれば、タバコナのほうの要防除水準である、「黄色板に捕獲されるタバコナが増え始めたら防除」が使えます。この発想転換が大事なのです。

保毒虫数は、「保毒虫率×タバコナの数」ですから、保毒率が低くてもタバコナが増えれば保毒虫の絶対数は多くなります。そうしないために農薬を散布するということです。

農薬の組み立ては前に述べたとおりです。ただし「夏モード」のウイルス病対策では成虫に効き残効が長い、サンマイトフロアブル、ベストガード水和剤、スタークル（アルバリン）顆粒水溶剤などが適しています。万が一これらを使い切った場合は、手間も費用もかかりますが、侵入してくる保毒虫は成虫に効果が高い農薬で、ほ場で増える保毒虫は幼虫に残効が長い農薬で、というふうに二種類の保毒虫を個別に防除します。

4 最後に敵を封じ込める「出さない」防除

① なぜ「出さない」防除が必要か

農家と話をすると、「あのハウスでタバコナが増えた。うちのタバコナはあそこからやってきた」という人がいます。では「あのハウス」のタバコナはどこからきたのでしょうか。

◆タバコナは天下の回りもの

「タバコナはハウスの中で冬を越し、春先から秋まで野外とハウスを行き来し、ふたたびハウスに戻って一年を終える」と前に述べました。

ハウスから出ていったタバコナは、産地の中をぐるぐる回りながら増加して、元のハウスに戻ってきます。つまり、今あなたのハウスで増えているタバコナは以前、やはりあなたのハウスに住んでいたタバコナの子孫といえます。

タバコナ、そして彼らがうつすウイルス病のもっとも効果的な防除法は、この「ぐるぐる回りながら増える」というつながりを、どこかで切ることです。その一つが「出さない」防除です。

◆「出さない」防除は皆で取り組む

「入れない」防除は、自分一人でやる対策、「個人競技」です。これに対し「出さない」防除は、産地の全員が連携する対策、「集団競技」といえます。くどいようですが、タバコナの繁殖力はすさまじく、コナジラミ算でまたたく間に増えていきます。そんなタバコナでも、産地全体で「出さない」防除に取り組めば、野外にいる数を減らして、戻ってくる数を少なくできます。

個人競技は個人の技術を高めれば強くなれます。しかし、集団競技は一人の技術が高くても試合に勝てません。チーム全員の力を揃えて、連係プレーを強化することで初めて勝つことができます。「出さない」防除も同じです。産地の生産者同士で技術や情報を交換しながら連携して、初めて成功する高度な対策です。

② 「出さない」防除の実際

タバコナは、周囲に大量の餌がある栽培期間中は、あまりほ場の外に出たがりません。タバコナが大挙して舞い上がり、ハウスの外に出るのは、餌がなくなる栽培終了時です。そしてこのときが、「出さない」防除が効果を発揮するときです。

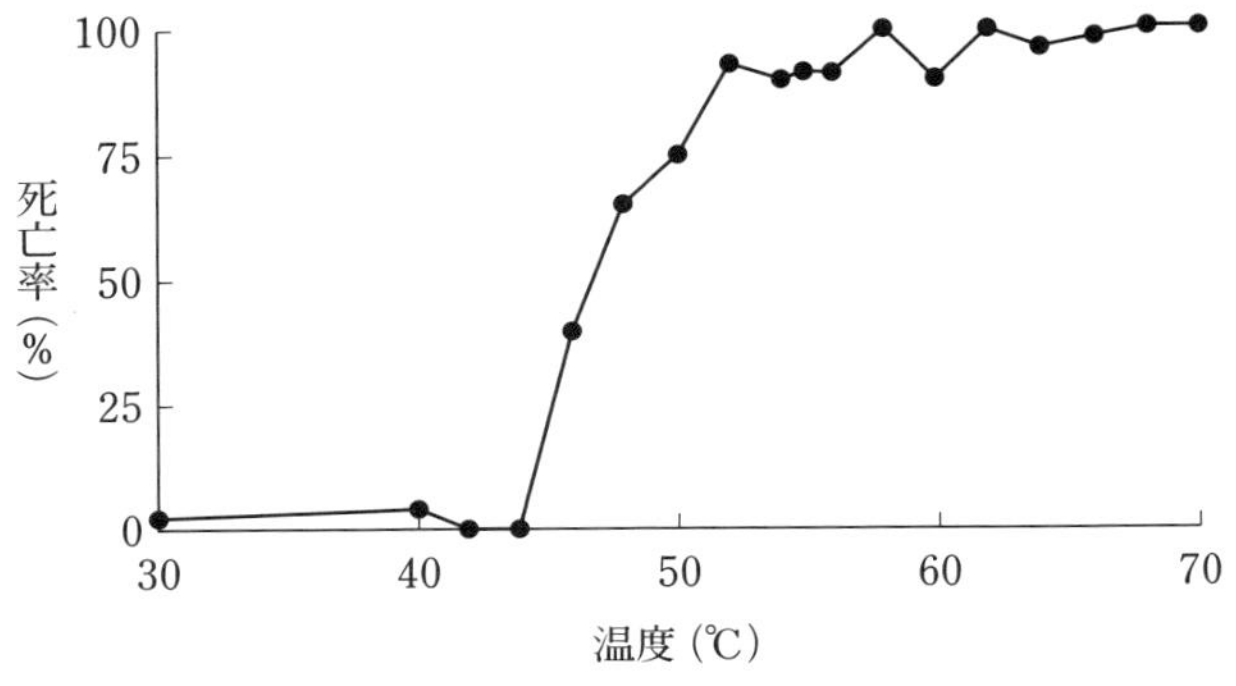

図3-22　高温によるタバココナジラミ成虫の死亡率
（古家, 2006から）

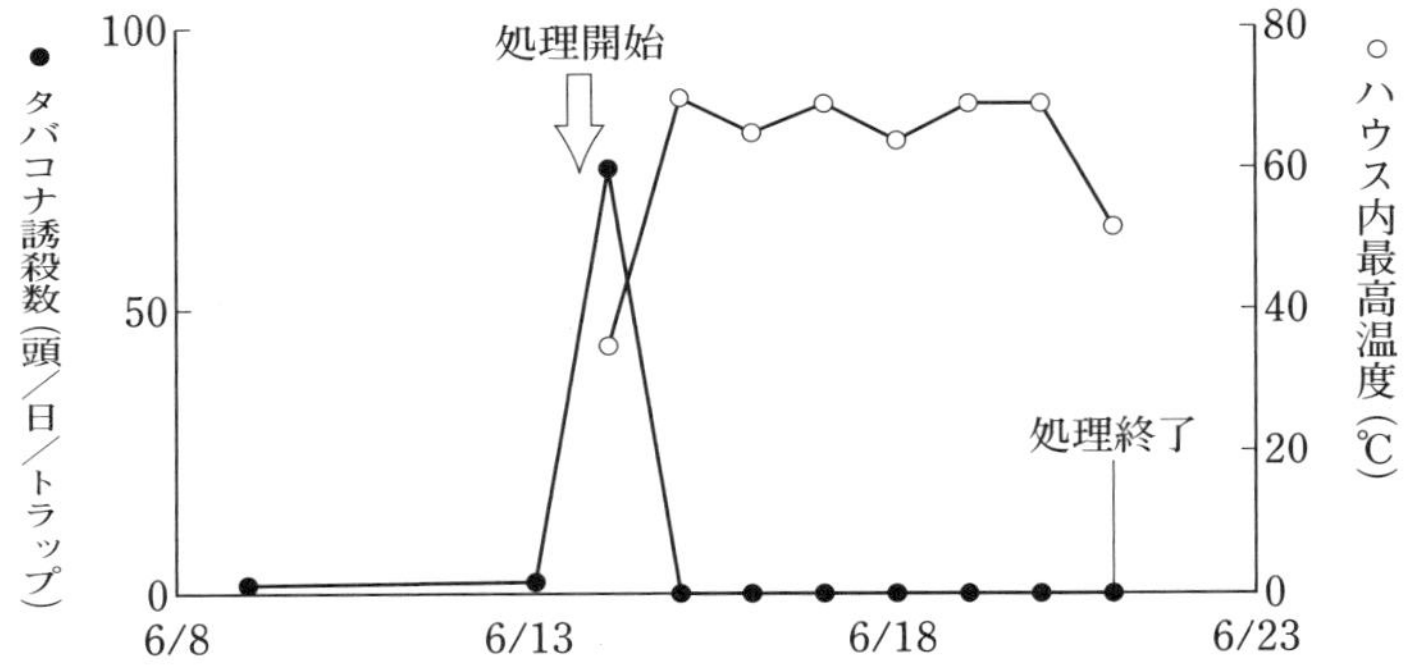

図3-23　高温殺虫法（蒸し込み）の効果
（古家, 2006から）

◆防虫ネットは栽培が終わるまで残す

防虫ネットは「出さない」防除にも使えます。栽培が終わるまで張りっ放しにしておきます。「出さない」効果は「入れない」効果と同じで、目合いが小さいほど高くなります。絶対出したくないときは目合い〇・四mm以下、それ以外は、周囲の状況で防虫ネットの目合いを選びます。しかし、最低でも目合い〇・八mm以下は必要です。

◆ハウス全滅！　蒸し込み処理

暑さが好きなタバコナも、四五℃を超えるとさすがに暑さに耐えられず熱中症（?）で死ぬようになります。さらに温度が上がり、六〇℃を超えると数分で全滅します（図3-22）。夏の晴天日、ハウスの中の温度は簡単に四五℃を超え、開口部を締め切れば六〇℃をオーバーします。蒸し込みは、この高温を使いタバコナを全滅させるよい方法です。

蒸し込み処理には二つ注意点があります。

一つは、「作物が枯れるまで蒸し込む」ことです。作物に含まれる水分が蒸発するときに熱を奪うので、作物の表面温度は周辺より低くなります。四五℃を超える夏のハウスでもタバコナが元気に活動できるのは、この蒸散熱のおかげです。

早く作物の水分をなくして温度を上げるために、株元を切ったり、根を抜き取ってから蒸し込みます。こうすると数日で株が乾燥し、早く蒸し込みの効果が発揮されます。さらに、餌がなくなるのでタバコナが餓死する、という効果もあります（図3-23）。

もう一つの注意点は、「出口をなくす」ことです。ハウスの中の温度が上がり、植物が枯れ上がると、餌を求めて飛び立ったタバコナが出口を探して飛び回ります。隙間があると、そこから次々とハウスの外に飛び出します。蒸し込みの目的は、ハウスの中にタバコナを閉じこめて絶滅させること。取りこぼしをなくすため、ビニルの裂け目やビニルの合わせ目など、出口になりそうな場所には必ず目張りをしておきます。蒸し込みを始めて一～二週間後、株が完全に枯れたのを確認してから開放し、残渣を処分します。

◆露地ほ場の「出さない」防除

「蒸し込み」を使えない露地ほ場では、農薬を使って外に飛び出すタバコナの数を減らします。散布時期は、作物を片付ける直前がベストです。防除の対象は成虫です。農薬には成虫に効果が高い、サンマイトフロアブルや気門封鎖型農薬などが適しています。防除して日がたつと幼虫が羽化して、効果が低くなります。散布してすぐに片付けます。片付けに時間がかかるときは、幼虫が餓死するように株元から切断するか抜き取って、株を枯らします。

さて、以上の防除についてどれもこれも、いつでもどこでも全力投球すれば一番ですし、タバコナもウイルス病も減らせますが、肉体的にも経済的にもくたびれてしまいます。そこで栽培を始める前に、自分のところでは、いつ、どこで、どんな対策に力を入れればもっとも効果的な防除ができるか考えて取り組むようにしてください。ただし、くれぐれも地域での防除体制を考える視点を忘れないようにしてください。

5 究極の対策「栽培を連続させない」

トマト黄化葉巻病の伝染環はトマトからトマトへ、ウリ類退緑黄化病はウリ科作物からウリ科作物へとつながっていきます。このつながりを切断する方法が、タバコナを「入れない」「増やさない」「出さない」対策でした。しかし、もう一つ、究極の対策に栽培を「連続させない」があります。

◆TYLCVの伝染環を切る

TYLCVの主な寄主植物はトマト、CCYVの主な寄主植物はウリ科作物です。トマト黄化葉巻病を例に考えてみましょう。

TYLCVの感染は、トマトほ場から出ていった保毒虫が別のトマトほ場に侵入することでつながります。では、出ていく先のトマトほ場がなければどうなるでしょうか。保毒虫はトマト以外の作物に寄生するしかありません。するとタバコナの生活環はつながりますが、TYLCVの伝染環は切れます。これをヒントにしたのが、「栽培を連続させない」＝「一定の期間、産地全体で寄主作物の栽培を止める」対策です。

◆四五日間の栽培空白期間

TYLCVの保毒虫は、死ぬまでウイルスを媒介します。しかし、その寿命は平均三〇日、最長でも六〇日で、前のトマト作で発生した保毒虫も、六〇日たてば全滅します。つまり、前作の栽培が終了してから六〇日間、トマトを栽培しなければ、TYLCVの伝染環はほぼ完全に切断できるということです。

熊本県の主要産地では、栽培の終了から開始まで四五〜六〇日間あけて、伝染環がつながらないようにしています。その結果、産地内を飛び回るタバコナの保毒虫率は、定植する頃にはほぼ〇％まで低下しています。感染株が五％以上になると経済的な被害が発生するといわれていますが、「栽培を連続させない」対策を採用して以来、熊本県のトマト黄化葉巻病被害は着実に減少し、被害面積ゼロの産地も見られるようになっています。この対策の効果は絶大です。

ウリ類退緑黄化ウイルスでは、前作と後作の間隔をどのくらい開ければ効果があるかわかっていません。ただし、仲間のウイルスは媒介される期間が一

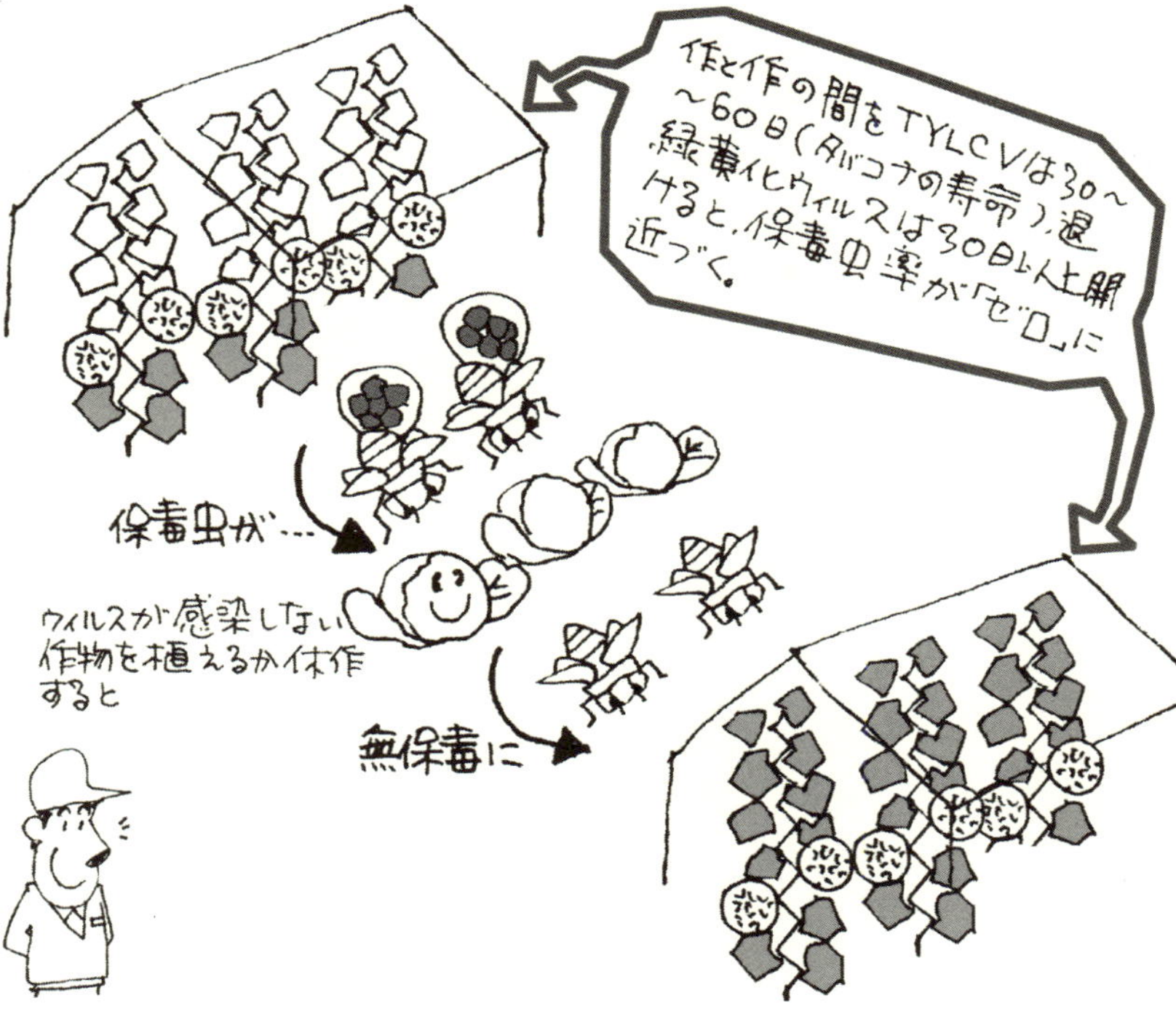
作と作の間をTYLCVは30〜
〜60日(タバコナの寿命)退
緑黄化ウィルスは30日以上開
けると、保毒虫率が「ゼロ」に
近づく。
保毒虫が…
ウィルスが感染しない
作物を植えるか休作
すると
無保毒に

図3–24　作と作の間を開けると保毒虫は少なくできる

〜二週間なので、二〇日もとれば十分だと考えられます（図3–24）。

◆ほ場の周りの野良作物を処分する

野良作物とは、農家の皆さんが捨てた苗や種が勝手に育った作物のことです。ハウスの周りを見回してみてください。必ず、一株、二株と見つかるはずです。TYLCVが激発していたころ、熊本のトマト産地を見て回ると、収穫や運搬中に転がり落ちた果実や鋤き込んだ果実から発芽した野良トマトが道端やほ場のあとでたくさん見つかりました。しかも、野良トマトのほとんどがTYLCVの感染株で、タバコナのおまけまで付いていました。こんな状態では、どんな対策をとってもウイルス病は防げません。

余り苗や廃棄果実はビニル袋に入れて蒸し殺しにするか、穴に埋めて、野

写真3-6　廃棄されたトマトの山
野良ばえトマトの発生原因になる

良作物の発生を確実に封じ込めてください（写真3-6）。

◆家庭菜園への呼びかけも必要だが

トマトとキュウリは家庭菜園の人気作物で、必ずといっていいほどつくられます。防除が徹底しない家庭菜園では、当然、ウイルス病の感染率が高くなります。ある町の家庭菜園を調査したら、ほぼ一〇〇%のトマトが黄化葉巻病にかかっていたという結果もあります。

発生当初は、重要な伝染環と考え、熊本では県や市町村の広報誌やポスターで協力を依頼して、感染株を抜き取ってもらいました。しかし、家庭菜園でつくられる感染植物の数は、栽培されている数の数万分、数十万分の一で、栽培ほ場から比較的遠い場所にあります。伝染環の一つには違いありませんが、ごくごく細い、ということがわかってきました。

協力依頼は必要ですが、まずはもっとも太い伝染環を管理している農家の生産ほ場で手本を示すことが先決です。

◆産地の底力

「産地全体の意識を統一する」ということは、とても難しいことです。私たちが、本書で述べてきた方法を提案したときも技術者からは「不可能だ！」、生産者からは「死活問題だ！」という声があがりました。しかし、不可能な対策ではありません。事実、熊本県では実現したのですから。

ご存じのように熊本県はトマトの大

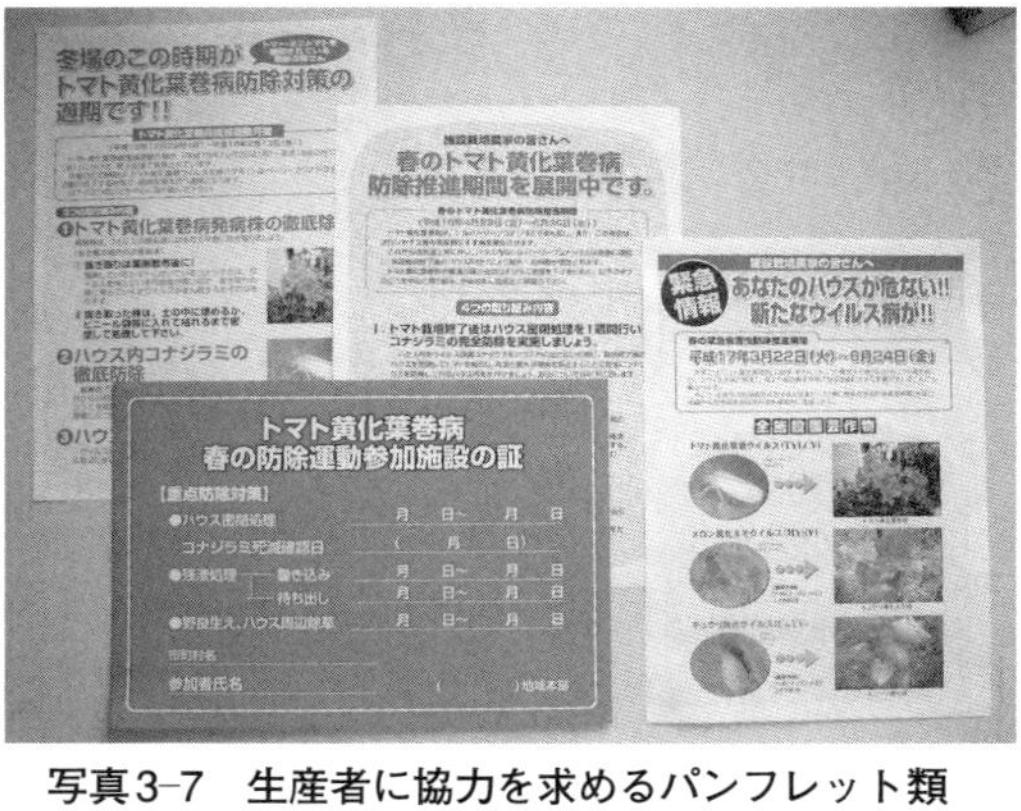

写真3-7　生産者に協力を求めるパンフレット類

産地です。一時はトマト黄化葉巻病の発生で、産地崩壊の危機を迎えました。このとき、産地を維持するため、生活を守るため、一致した意識をもったことがこの防除の導入につながったと考えています。このためにさまざまなパンフレットを作成して配布しました（写真3-7）。当然、現場の普及所や市町村、農協、生産者団体各位の努力と苦労がありました。

熊本県でできることは他の都府県や地域でも可能だと思います。あとは、生産者の意識とご近所、産地の連帯感の問題です。トマト黄化葉巻病とウリ類退緑黄化病の被害でお困りの産地は、一度集まって相談してください。産地の底力の見せどころです（図3-25）。

図3-25　ウイルス病対策は地域の連携「産地の底力」が必要

6 トマト黄化葉巻病抵抗性品種は救世主ではない!?

二〇〇八年、待ちに待ったピンク系のトマト黄化葉巻病抵抗性品種が販売されました。しかし、抵抗性品種はよくその性質を知って使う必要があります。

◆抵抗性品種も感染はする

抵抗性品種はTYLCVに感染しない品種や発病しない品種ではありません。TYLCVに感染はするが、病徴が「増えにくい」あるいはウイルスが「出にくい」品種のことです。いろいろな品種を試してみましたが、発病株率こそ低いものの、すべて発病しました。

◆抵抗性遺伝子で違う効果

TYLCVの増殖や病徴の発現を抑える遺伝子を「抵抗性遺伝子」と呼びます。現在、四つの遺伝子があり、それぞれ*Ty*-1、*Ty*-2、*Ty*-3、*Ty*-3ａという名前が付けられています。抵抗性遺伝子の種類は企業秘密で教えてもらえませんが、販売されている抵抗性品種は「*Ty*-1と*Ty*-3」、「*Ty*-1と*Ty*-3ａ」をもつ品種と「*Ty*-2」をもつ品種の二つに分かれるようです。当然、抵抗性品種の性質は、もっている遺伝子の種類で変わります。

「*Ty*-1と*Ty*-3、*Ty*-3ａ」をもつ品種は、マイルド系統、イスラエル系統の両方に効き、発病が抑えられます。「*Ty*-2」をもつ品種は、イスラエル系統に高い効果がありますが、マイルド系統では感受性品種と同じくらい発病します。

もう一つの違いは、感染した後のウイルスの増え方です。「*Ty*-2」はイスラエル系統の増殖をＰＣＲ法で検出できないくらい強く抑えます。一方、「*Ty*-1と*Ty*-3、*Ty*-3ａ」の抵抗性品種は、増殖を抑える効果が弱く、発病しない程度に抑える、といった感じです。

◆厄介な無病徴感染

TYLCVに感染していても発病していないことを「無病徴感染」と呼びます。黄化葉巻病対策にとってこの「無病徴感染」は厄介な問題です。これまで栽培していた「感受性品種」は、TYLCVに感染するとハッキリとした病徴が現われて、感染株だということがわかります。つまり、発病株を抜き取ることで伝染源を減らすことができます。でも、抵抗性品種は感染を発病の有無で判断できません。感染株を抜き取っても、伝染源を減らすことができない、ということです。ひょっとすると、見た目は黄化葉巻病が発生していないほ場でも、感染株だらけで大量の保毒虫が飛び回っているのかもしれません（図３-26）。

◆抵抗性品種でもウイルス対策は必要

抵抗性品種は保毒虫を産み出す能力が感受性品種にくらべて低いようです。どの程度下がるのかは現在調査中ですが、ゼロにはなりません。ウイルス病の発生は「保毒虫率×タバコナ数」で決まるので、抵抗性品種を使い保毒虫率を下げても、タバコナが増えれば意味がありません。

それでも、「保毒虫が増えても発病しにくいから大丈夫」と思うかもしれ

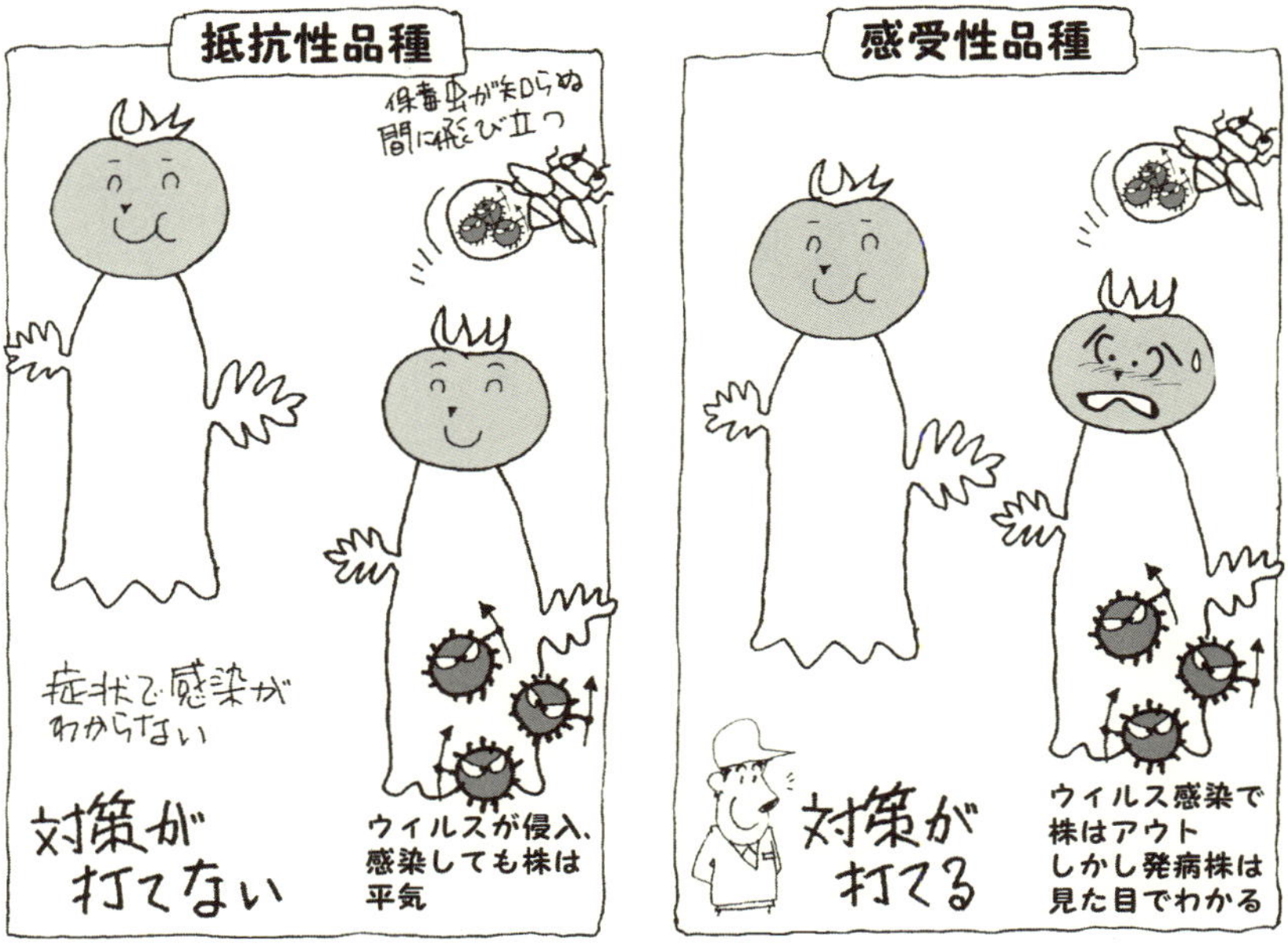
抵抗性品種
保毒虫が知らぬ間に飛び立つ
症状で感染がわからない
対策が打てない
ウィルスが侵入、感染しても株は平気
感受性品種
対策が打てる
ウィルス感染で株はアウト しかし発病株は見た目でわかる

図3–26　恐ろしい抵抗性品種の「無病徴感染」

ません。しかし保毒虫が長い期間寄生したり、一度に大量に寄生したりすると、どの抵抗性品種でも感受性品種と同じくらい発病することがあります。

　抵抗性品種を導入すれば防除が手抜きできる、という考えは禁物です。保毒虫数を「増やさない」対策は絶対に必要です。

◆抵抗性品種の三つのリスク

　たとえ発病株がなくても、タバコナを外に出してはいけません。無病徴感染した株で大量の保毒虫が発生しているかもしれないからです。無病徴感染株が増えれば保毒虫も増え、周辺に逃げ出して地域の保毒虫数を押し上げることになります。この増加した保毒虫は三つの問題を起こします。

　一つは、感受性品種を栽培するほ場が、ウイルス対策を強化せざるを得なくなること。

二つめは保毒虫の数が増え、抵抗性品種でも発病する危険が増大すること。現在、さまざまな対策で保毒虫の増加を抑えています。つまり、抵抗性品種も保毒虫が少ない環境で効果を上げているわけです。保毒虫が増えれば抵抗性品種が感染する危険が大きくなり、場合によっては感受性品種と同じくらい発病する可能性もあります。

三つめは、抵抗性のウイルスが発生する可能性があること。TYLCVは変異しやすいウイルスです。マイルド系統とイスラエル系統が交雑した株ができたりもします。抵抗性品種の中で増えると、抵抗性品種が得意な新系統が誕生する危険が大きくなります。

この三つの危険をなくすには、抵抗性品種であっても「出さない」対策は必要です。

◆産地で合意して導入する

抵抗性品種は黄化葉巻病の防除に有効な対策です。この品種の導入でこれまでの、「入れない」「増やさない」「出さない」「栽培を連続させない」防除手法が大きく変わる可能性があります。ただ、個人個人で抵抗性品種を導入して対策を変えると、地域の足並みが乱れ、せっかく築き上げた対策が崩れる恐れがあります。抵抗性品種の導入も、ほかの対策と同じように、導入の可否、導入後の対策を相談し、地域の生産者が合意したうえで行なうことが大切です。

まだ、抵抗性品種を大規模に導入した産地はありません。その導入が保毒虫や黄化葉巻病の発生にどんな影響を与えるかはっきりしていません。やっと、各品種の特性が調査され、防除体系の試験が始まったところです。その結果が明らかになるまでは、抵抗性品種を導入してもこれまでの防除対策を維持する必要があります。

あとがき

タバココナジラミほど話題豊富な害虫は少ないでしょう。筆者が現在の職場に転勤して一一年が経ちましたが、その間にもトマト黄化葉巻ウイルスの侵入、バイオタイプQの発生、ウリ類退緑黄化ウイルスの発見と、次から次に新しい問題を起こして、研究者、そして農家を困らせています。国内だけでなく海外の仲間の動きも心配です。彼らもバイオタイプQに続けとばかりに、侵入の機会を窺っています。当分はタバココナジラミをめぐる問題が収まる気配はないようです。残念ながら、筆者と彼らとのくされ縁も、なかなか切れそうにありません。

この本を書くにあたっては、ともにタバココナジラミに取り組んだ研究者の皆さんにデータや写真を提供していただきました。また、職場の同僚と先輩、そして家族など多数の方々に応援していただきました。出版にあたっては農文協編集部にお世話になりました。ご協力いただいたすべての関係者に厚くお礼申し上げます。

行徳　裕

著者略歴

行徳　裕（ぎょうとく　ゆたか）

1959年7月7日　熊本県生まれ
東京農工大学農学部植物防疫学科を卒業
1982年から熊本県に勤務
熊本県果樹試験場，同農業研究センター果樹研究所，農産園芸研究所を経て，現在，生産環境研究所勤務

【著　書】『デコポン（不知火）をつくりこなす』（河瀬憲次編，農文協），『OHラジカル類の生成と応用技術』（エヌ・ティー・エス，分担執筆）

【勤務先住所】熊本県合志市栄3801

おもしろ生態とかしこい防ぎ方
タバココナジラミ

2009年 9 月25日　第 1 刷発行

著者　行徳　裕

発 行 所　社団法人　農 山 漁 村 文 化 協 会
郵便番号　107-8668　東京都港区赤坂7丁目6－1
電話　03(3585)1141(代表)　03(3585)1147(編集)
FAX　03(3589)1387　　振替　00120－3－144478
URL　http://www.ruralnet.or.jp/

ISBN978-4-540-08151-4　　DTP製作／(株)新制作社
〈検印廃止〉　　印刷／(株)光陽メディア

製本／根本製本(株)
Printed in Japan　　定価はカバーに表示
乱丁・落丁本はお取り替えいたします。